微行銷策略

預見未來商業趨勢！

從入門到精通，發掘短文案的巨大潛力，掌握在社群媒體平臺中實現目標的高效策略

文丹楓 著

探索行銷新模式，打破傳統行銷的瓶頸
以利潤增長為目標，譜寫企業新篇章
主動引導流量，實現門庭若市的榮景
取得市場優勢，開創盈利新高峰
掌握行銷新趨勢，洞悉未來商機

目 錄

前言

第一部分　行銷 3.0 時代的故事

008	第 1 章　轉型：更新傳統行銷模式
017	第 2 章　未來：新行銷模式的藍圖
026	第 3 章　革新：利潤增長的契機

第二部分　微行銷：未來十年的主流

| 038 | 第 4 章　全面解析微行銷利器 |

第三部分　微行銷的競爭戰略

| 054 | 第 5 章　選擇合適的戰場 |
| 073 | 第 6 章　我們的使命是傳遞價值 |

第四部分　社群媒體行銷：短文案的力量

088	第 7 章　社群媒體中的商業機遇
112	第 8 章　社群媒體操作技巧
122	第 9 章　故事行銷的力量

第五部分　WeChat 行銷：微言大義

- 134　第 10 章　無限可能在彈指間
- 142　第 11 章　WeChat 的獨特功能
- 150　第 12 章　從新手到高手的 WeChat 修練
- 164　第 13 章　掌握 WeChat 行銷先機

第六部分　行動行銷：個性化的傳播

- 186　第 14 章　行動行銷的演變
- 194　第 15 章　定位監測：即時鎖定目標消費者
- 207　第 16 章　iPhone 行銷策略
- 215　第 17 章　有效的行動廣告
- 226　第 18 章　基於位置的促銷策略
- 240　第 19 章　整合行銷策略
- 251　第 20 章　行動應用程式的普及

第七部分　電子商務行銷：主動引流

- 260　第 21 章　網路媒介的引導作用

第八部分　前瞻 4.0 行銷模式

- 270　第 22 章　微行銷工具的未來預測

前言

一場烽煙正起的行銷革命

今日，各式各樣的行銷方式已被演繹到了極致。

小到發放傳單、張貼小廣告，大到在電視、報紙、雜誌上刊登廣告，商家可謂是無所不用其極，目的只有一個——提高公司的知名度，推廣自己公司的產品、服務，擴大企業的影響力。

有的企業財大氣粗，在這些方面無疑做得很好，廣告標語在街頭巷尾遍地傳播；有的企業雖有資本，但因行銷部門不健全、手段使用不恰當，則是處處碰壁；還有的企業雖然規模不大，但在行銷方面做得並不比某些知名企業差。

同樣都是在做行銷，為什麼會出現不同的結果？

很簡單，時代在進步，科技在發展。不懂得與時俱進的企業，在接下來的行銷戰爭中，必然要面臨失敗。

參與行銷潮流的商家，必須要有敏銳的嗅覺，才能即時察覺到行銷市場上的「風吹草動」。21世紀剛剛來臨之際，電腦、網際網路、行動手機網路技術日新月異，社群平臺迅速發展，當時許多優秀的企業家就已經察覺——行銷市場即將發生一場洪濤大浪，而這場大浪所帶來的，必定是行銷方

前言

式、模式的巨大改變。

這次巨大改變所帶來的，就是微行銷。

微行銷看似不是主流的行銷戰場，但是逐漸地，在其中瀰漫起的烽火硝煙足以與電視廣告等主流媒介相媲美，甚至猶有過之。很多商家這時才意識到微行銷所能帶來的價值與影響力，紛紛加入，下海撈金。

但是，並非所有商家都能很快適應微行銷模式 —— 不透過正確的途徑，不了解微行銷潛在的祕密，很難以最小的代價換取最大的利益。如今已不是1970、80年代那種帶著微薄的身家和一股衝勁就能闖出一片天地的時代了，只有了解到微行銷市場的規律，抓住它、利用它，才能如魚得水。

本書將從微行銷的各個關鍵細節，詳細介紹其形成與發展的歷史，幫助讀者了解微行銷的特徵、利弊及多種方法與途徑。希望透過本書，能讓新時代商家們的企業行銷模式錦上添花！

第一部分
行銷 3.0 時代的故事

■ 第一部分　行銷 3.0 時代的故事

第 1 章　轉型：更新傳統行銷模式

　　如果把傳統行銷比作一口深不見底的井，那它一定是口吞噬金錢的井，雖不能稱它為「陷阱」，但在網路科技發展日新月異的今天，這足以引發我們對傳統行銷瓶頸的思考，以及對新型行銷模式的探索。

　　那麼，傳統行銷模式有哪些瓶頸？

　　首先，大部分企業做了很多「燒錢」的活動。如比比皆是的電視廣告、廣播廣告、平面廣告等。不能說這些行銷方式一無是處，但如果學習了微行銷，掌握了未來十年內不得不用的新型網路行銷利器，一定會覺得之前的「燒錢」絕大多數是沒有必要的。

　　其次，傳統行銷媒體在精確度上缺乏一定的保障。雖然投入了大量的金錢，但卻不一定把錢用到極致，也就是說，投出去的每一分錢並不能保證用到位。即便廣告的普及度很高，閱聽人數眾多，但不可否認的是，看廣告的人很多，付出購買行為的客戶始終占少數。再者，這種行銷方式很難將企業個性化的一面展現出來，其釋出的訊息針對性較弱，自然也就無法精準滿足市場需求。

　　如果想要突破瓶頸，就必須打破傳統模式，吸收新的行

第1章 轉型：更新傳統行銷模式

銷模式，開啟網路盛世下的新「贏」銷時代，跟上時代的潮流，才能追得上財富的腳步！

傳統行銷的無奈：當痛苦逐漸吞噬了快樂

在傳統行銷中，最具代表性的莫過於付費廣告的行銷模式，對此我在創作本書之前採訪了一些我曾服務過的企業主和淘寶賣家，總結他們對這種行銷模式的看法，得到一個觀點──傳統行銷往往讓人歡喜讓人憂，可是當痛苦逐漸吞噬了快樂，實在令人無奈。

為什麼這麼說？

如果不考慮其他因素，只考慮目前的推廣率，能達到不賺不虧就已經謝天謝地了。如果想要進一步盈利或者做大，這種傳統行銷模式必然要持續使用很長一段時間，而持續則意味著要投入更多的行銷成本，不知不覺中，錢就從口袋裡消失了。但大部分企業家和淘寶賣家一致認為，如果綜合當前複雜的競爭環境，以及最後的投入產出比，做行銷是必經之路。

問題是，我們如何才能花更少的錢，用最便捷、最省力的方法獲得最好的行銷效果？

獲得商家們的觀點後，我進一步嘗試擬了一個像是假命題的命題：

第一部分　行銷 3.0 時代的故事

假設 A 企業每次做行銷的成本投入為 R，每次收益是 T(T-R ≤ 0，九成以上的商家認為每次行銷的投入成本大於每次行銷的收益)，N 次投入的效益 =(T-R)×N ≤ 0。

結果顯示，企業持續投入行銷的最終結果是「虧」，而不是「盈」，果真如此嗎？當然不是絕對的，因為我們忽略了品牌累積的影響力。行銷一段時間後，如果行銷做得好，那麼品牌的知名度和認同度將會大大提升，表示將有越來越多的潛在消費者會掏錢購買。

這也是令所有商家感到既快樂又痛苦之處：快樂是因為有可能打響品牌，贏得客戶；痛苦是因為也有可能行銷失敗，造成虧本。踏上了傳統行銷之旅，猶如踏上了一段冒險的旅程，旅途中有珊瑚、珍珠，也有暗礁。當有一天痛苦吞噬掉僅有的快樂時，就變成了一條「不歸路」。

商家們的未來何去何從，到底該如何絕地反擊，走出傳統行銷的無奈呢？

第一，考慮如何才能讓潛力買家第一時間發現你並參與行銷活動。

以廣告為例，如何才能做到讓消費者口耳相傳，形成口碑效應。舉個例子，2011 年 3 月，在淘寶上本來銷量平平的 Y（化妝品）商家透過新浪微博張貼一則關於「史上最強婚禮」的訊息，數小時後便獲得上萬人次轉發，甚至一度登上

第 1 章　轉型：更新傳統行銷模式

了微博熱搜榜，引發網友熱議，該化妝品公司的產品也因此成了淘友，尤其是七年級消費族群的新婚「主角」，在短短一週內，竟然賣出 8 萬多套化妝品，參與 Y 商家話題討論、互動的粉絲也越來越多。在這場行銷戰中，Y 商家看似毫不費力，卻引來微博粉絲主動圍觀，進而吸引了潛力購買者。看似不足以和 BBS、部落格匹敵的微博，其新型行銷模式竟然成了該商家號召粉絲、激發購買、走向成功的「殺手鐧」。

第二，思考如何透過行銷令消費者留下深刻的印象。

當然，我只是舉一個簡單的例子，在新型微行銷模式中，微博行銷只是其中之一，還有 WeChat 行銷、行動行銷等。

我想說的是，當你選擇了一種行銷模式後，不能把全部的希望寄託在行銷工具上，上述案例中的 Y 商家只是基於微博行銷平臺的行銷推廣，至於如何利用這些微行銷平臺，則需要商家自身的努力。例如，Y 企業發表以「婚禮」為主題的活動，至少要有一個看似美麗的故事做「誘餌」去吸引粉絲的注意，可見，若在行銷模式創新基礎上，輔以內容上的創新，行銷會更容易成功。

然而，世界知名行銷專家艾爾·賴茲（Al Ries）早就預言：「傳統行銷將沒落，取而代之的是一種新型有效的行銷效益提升方式。」隨著網路新行銷媒體的崛起，這句曾經的預言早

已不是什麼傳說,而是逐漸被越來越多的商家採用。其中包括戴爾、可口可樂、聯想等知名大企業。

可見,當越來越多的人開始主張不把雞蛋放在同一個籃子裡時,你就應該已經意識到,革命性的思考和變化正在發生。

因為社會化網路浪潮正向我們襲來,據調查,有 50% 的網路使用者已註冊並正在使用社會化網路工具,平均每人每天至少會在這些社會化網路工具上登入 1 至 2 次,因此,我們有理由相信,伴隨著微博、WeChat 等網路工具的應用,如果你不加以了解並利用這些新型微行銷模式,必定會被業內人士戲稱為「OUT MAN」,遲早會被競爭者超越。唯有掌握了新時代的行銷革命利器,才會走出無奈的陰霾,脫離痛苦的邊緣!

玩一輪所謂「燒錢」的行銷遊戲

一說起企業行銷,很多商家都會大皺眉頭,因為在他們心中,行銷與宣傳、廣告、銷售等是一體的,每一個都要花費大量的人力與財力。雖然各種行銷方式能為企業帶來效益,但是付出鉅額的代價還是讓人感到心疼。

21 世紀以前的行銷宣傳主要集中在電視、電影和報刊雜誌等主流媒體上。

第1章　轉型：更新傳統行銷模式

　　曾刊登過廣告的商家都知道，僅僅是在稍有名氣的報刊上刊登一則短短的廣告，價格就以數千元計算，想要在知名電視臺等全國性平臺上做廣告，花費更是天文數字。當然，造成的效果是和花費成正比的。儘管類似的宣傳與「燒錢」無異，但是依舊有無數商家奮不顧身地躍進「火坑」。

　　然後，就是行銷的第二個重點，即銷售。

　　眾所周知，完成宣傳就要馬上銷售，才能趁著宣傳的熱度轉化為銷售利潤的最大化。不少商家在各大商場、超市內設定銷售點，或派出業務員四處跑業務、拉訂單。這樣效率雖然低了些，但憑業務員三寸不爛之舌、商家苦心宣傳以及各種許諾，還是有不少訂單和客戶。

　　最後一個重點，即行銷回饋。

　　所謂回饋，指企業對上一輪行銷的反思及強化。企業的行銷並不是「一次性生意」，只有實現長遠地持續盈利，才能讓企業富有活力。商家收集客戶的意見，改進企業行銷過程中出現的問題，才能在下一輪的行銷戰爭中取得更好的成績。

　　這種行銷方式，就是我們所說的傳統行銷模式。

　　很多企業家認為，行銷之所以燒錢，關鍵是宣傳成本高。但事實並非如此，在行銷過程中，企業不僅要花費鉅額廣告費以樹立起其企業形象和產品口碑。這種用大量金錢建

立起的價值，其實並不是穩固的，一旦產品品質、後期服務等關鍵出現問題，以至於之前付出巨大代價所建立起的企業價值都將瞬間化作泡影。

更需要注意的是，將看到廣告的潛在消費者轉向客戶的過程中，企業也需要花費大量的心血。「心動就要行動」這句話在行銷中並不完全適用，許多消費者持保守的消費觀念，想要讓他們掏腰包，不僅業務員要費盡唇舌，企業也要透過各種活動讓消費者信服。無形間，商家耗費了大量的人力成本和時間成本，有時並不低於宣傳成本。如商場打折，商品的折後單價累積起來，讓企業的利潤減少了很多。

並不是只有一家企業在做行銷，同行業的很多對手也都虎視眈眈。市場占有率越大，分到的蛋糕數量也就越多，但蛋糕分量卻少之又少，這也就使商家義無反顧地投入到行銷戰爭中，大把大把燒錢。一輪「燒錢遊戲」下來，幾家歡喜幾家愁。

顯然，想要持久地做好行銷，在業內獨領風騷，單純依賴這種花錢如流水的傳統行銷模式是行不通的。

用現金維護品牌的路還能走多遠？

如果有人問，2011 年收視率最高的中國電視節目是什麼，有人會回答是《非誠勿擾》，也有人會說是《快樂女聲》。

第 1 章 轉型：更新傳統行銷模式

但是答案一公布出來，卻讓人跌破眼鏡。收視率最高的並不是這兩大綜藝節目，而是夾在二者中不斷出現的 OPPO 廣告。2011 年，步步高幾乎將全中國的收視冠軍節目包攬下來，高價宣傳旗下的 OPPO 音樂手機。據估算，僅僅是當年的廣告費用，甚至就可能達到 40 億元。

毋庸置疑，步步高鉅額花費是有回報的，其手機銷量在當年躋身國內前列，名聲也達到了無以復加的高度。但是，經有心人的計算後發現，這種大規模的行銷背後所帶來的利益，並不足以彌補宣傳的巨大支出。甚至業內流傳出步步高如此行徑，只是暴露了其銷量不佳、產品不良等弱點，是心虛的表現。

像步步高這樣用現金來維護品牌的企業還有很多，但是他們的路還能走多遠呢？

當今的行銷局勢可以用「魚龍混雜」來形容：有不計成本大規模打行銷戰爭的企業；也有從地區做起，逐漸擴大經營範圍的企業；還有多種行銷方式同時使用的企業。不管用的是何種方式，都有企業能夠在其中獲利，但是更多的則是利潤不佳。商家往往只看到光鮮的成功者，卻看不見大多數因選擇了不適合的行銷模式而失敗的企業。因此，很多商家誤以為，行銷做得不好，是因為企業不捨得花錢，投入不夠大，回報自然也就不理想。由此，走上了用大量現金來維護品牌的「不歸路」。

第一部分　行銷 3.0 時代的故事

現金維護品牌之所以是條「不歸路」，原因有三：

原因一，企業家往往未考慮自身情況就選擇這條道路

並非所有企業都有能力承擔這種行銷方式。有些企業能夠以原有的行銷方式經營得很好，但一旦想要盲從擴大行銷的規模和成本，就容易導致企業財務失衡，使資金鏈斷裂。

原因二，傳統的行銷方式本身就是一種惡性競爭

在大規模的行銷現金戰中，失敗者固然損失慘重，成功的一方也未必就能回收成本，可以說是兩敗俱傷，唯一獲利的只有作為行銷媒介的各主流媒體。

原因三，用現金堆砌起來的品牌信譽是非常不穩固的

行銷模式對企業來說固然重要，但對企業來說，其價值遠不止如此，其中，企業的產品價值（產品及服務的品質、生產數量、性價比等）、企業的品牌價值（企業的名望、信譽度、客戶口碑），等等，重要性不低於行銷模式。甚至只要其中一個細節出現紕漏，無論企業花多少錢來維護品牌，結果往往成效甚微。

因此，在科學技術日新月異的今天，商家如果還在做「開著飛機撒錢」這種行銷模式，那必將被各式各樣新興的行銷方式所淘汰。

第 2 章　未來：新行銷模式的藍圖

　　過去的企業行銷以傳統的行銷方式為主，多種行銷途徑並行。也就是說，雖然商家可以利用各式各樣的方式宣傳、銷售自己的產品和服務，但最主要的行銷方式依然是傳統的「燒錢行銷」。

　　不能忽視的是，近年許多新型行銷方式逐漸走紅，地位不斷攀升，越來越多的商家開始轉移行銷戰場，甚至有部分商家已經先行取得成功，企業的行銷模式也得以更新。

　　行銷模式的轉變主要分兩大方向：一是橫向轉型；二是縱向轉型。

　　橫向轉型是指企業行銷在行銷方式、行銷平臺和媒介、行銷內部模式等方面轉型。例如，不少企業將自己的行銷陣地從電視、報刊上向網際網路轉移，建立了企業的官方網站、銷售網站，在主流社群媒體上建立企業帳號或企業家個人帳號等。

　　縱向轉型，則是指企業在行銷的內容、風格及宣傳模式等方面轉型。整體來說，就是從「灌輸型」轉向「置入型」。「灌輸型」是傳統行銷的方式和最終目的，無論企業的廣告多麼有創意，其目的都是填鴨式地讓消費者牢記企業的品牌、

形象和產品，進而促進產品的銷售。而「置入型」則更巧妙一些，商家利用隱晦而生動形象的表達方式，潛移默化地讓消費者在心中形成對商家的正面印象。例如經常在電視節目中出現的置入式廣告，就是典型代表。

無論是橫向轉型還是縱向轉型，都是行銷模式轉變的潮流所在，企業只有搭上潮流的大船，才能在新時代的行銷競爭中如魚得水。

並未來遲的「微行銷」

美國、英國等國家，早在 2006 年前後，類似 Twitter 這類的社群平臺就已經崛起並迅速發展，不僅大幅改變了人們的生活，對行銷模式也產生了巨大的衝擊。而當國外的社群媒體發展活躍之際，中國的行銷模式看起來仍舊是固守著傳統的行銷方式。直到 2009 年左右，這股微行銷的春風才吹到中國。

然而，儘管比國外遲了幾年，但這並不影響微行銷在中國如野火燎原般地擴散，甚至有超過國外的趨勢。

微行銷能夠在中國迅速竄紅，主要原因有以下三點：

原因一，隨著經濟和科技的發展，手機使用人數龐大，網路平臺搭建完善，微行銷竄紅是「大勢所趨」

近些年來，在新浪、騰訊等「領頭羊」的帶領下，中國網

路互動平臺逐漸發展壯大。中國居民收入提高,幾乎每個家庭都擁有電腦,每個人都有了屬於自己的行動電話,為微行銷的傳播打下了良好的基礎。

原因二,傳統行銷模式弊端日益暴露,行銷模式急需改變

沒有企業不願意少花錢、多賺錢,而傳統行銷模式無疑是不適合絕大多數企業的。微行銷的出現,對廣大中小型企業來說,就像是久旱逢甘霖,轉戰微行銷迅速成為很多企業行銷的最主要途徑。

原因三,中國網際網路使用者數量大,便於傳遞訊息

這是中國行動平臺能夠迅速發展的最主要原因,如果說網際網路就像是串聯所有使用者的線,那麼眾多網際網路使用者個體就是微行銷存在和發展的基礎。中國網際網路使用者是美國、英國的好幾倍。使用者多,就是優勢。

因此,不能因為中國的微行銷市場起步比國外稍晚幾年,就考慮放棄這塊市場。商家要看到開發新領域的潛力,而微行銷的潛力無疑是驚人的。

在很多人眼裡,微行銷這塊「鮮美肥肉」並不好吃。這種觀點並沒有錯,想要在短時間內放棄原有的行銷模式,轉戰微行銷是要冒風險的。不少企業都建立了屬於自己的官方網站,但更多的「官網」則淪為了「空殼網站」。

企業如果不在官網的維護和資訊的擴充上下工夫,那麼

瀏覽網頁的使用者只能看到企業的相關資訊（全名、成立時間、組織機構等基本資料），卻看不到其產品、服務的相關資訊，即便是想要購買，也沒有相應的線上購買連結。

還有的企業在社群網路上註冊了企業帳號，但是很少發表相關訊息，也不會對外宣傳企業的近期動態，其關注度必定會降至冰點。像這樣的情況屢見不鮮，根本原因就是商家不太了解微行銷的模式和運作方式。

新舊交替，前進還是後退

如果要為當前中國的行銷局勢做出一個準確的定位，用一個詞來形容最為貼切——新舊交替。

中國的行銷正處在青黃不接的時刻，之所以這麼說，一方面是絕大多數企業仍受制於傳統行銷模式的形式，甚至在大學的專業課程之中，市場行銷學也是以傳統行銷模式為基礎。另一方面，微行銷等「非主流行銷模式」已經走上正軌，很多企業都用自己的成功證明了這條路是完全可行的。這樣一來，衝突就產生了，如表 1 所示：

表 1 不同派別的實際想法

分類	實際想法
頑固派	原有的行銷模式很好啊，為什麼要放棄而涉足陌生領域
觀望派	不會放棄傳統行銷，但在適當的時機會嘗試接觸微行銷
改革派	如同看見希望的曙光，拋棄原本的行銷模式，轉而投入微行銷

第 2 章　未來：新行銷模式的藍圖

　　不同的商家會根據企業規模、品牌價值、產品價值等因素對行銷方式持不同態度，導致了如今市場上多種行銷方式並存的局面。如今再也不是傳統行銷模式一家獨大，而是網際網路帶來的微行銷與其分天下的局面。

　　誠然，微行銷的產生是科技發展的標誌之一，也代表著行銷模式登上了新的位階。但正因新興行銷方式的出現，對原本固有的行銷媒介產生了前所未有的衝擊。報紙廣告、雜誌廣告、電臺廣告、電影電視廣告、室外廣告等媒介造成的效果無疑大幅削減，而這些行業的主要收入也正是廣告收入。雖然不能說是致命打擊，但正是微行銷的出現，讓許多商家將精力從以往的傳統媒介上轉移到網際網路，對主流媒介的發展造成了某種程度的阻礙，對經濟的整體發展也是一種打擊。

　　不過，即便是擔憂，該發展的還是要發展。每一次技術、模式上的大規模革新，總是會影響到一部分個人或企業利益，微行銷的出現也正是印證了這句話。企業家不能目光短淺，根據美國行銷協會及 Aquent 統計，雖然報紙廣告等領域受到的關注度縮小了，但是行動媒體（手機網路）、行銷自動化平臺、社群媒體等受到的關注度則是持續升溫的。

　　絕大多數人還是堅信，當微行銷發展日趨成熟的時候，所有的質疑聲浪都將消失——每個新舊交替的時代，都會有一部分舊事物失去光彩，而一部分新事物發光發亮，這是不

變的真理。所以，當前的行銷市場雖然看似混亂，但整體來說，依舊是一種不可逆轉的進步潮流。

賣煎餅也能顛覆餐飲業

誰都不會想到，一間賣煎餅的店鋪，居然能做到年銷售額 400 億元，這間煎餅店從 2012 年成立至今，它的發展速度，遠遠超過了大眾的想像力。

與其他餐飲類品牌不同，它是依靠網際網路起家，幾乎玩遍了所有社群平臺，完全依靠網路宣傳，並獲得了成功，當然，這要歸功於其創始人，一位網際網路出身的老闆。

由於社群網站是其最重要且唯一的宣傳平臺，所以這家煎餅店鋪非常重視話題，在社群網站上，美食粉絲們每天都會與之進行頻繁的互動，談得越激烈，其知名度就越高。其他餐飲類品牌同樣有藉助社群平臺宣傳的經驗，但都未能與之相提並論，原因就在於它不僅注重宣傳產品，還重視內容的話題性。

眾所周知，當某個品牌經常推出有附著力的話題，肯定會引起注目，它正是利用這一點，時不時拋出有較強附著力的議題，隨即引起一陣激烈的討論，如老闆開賓士送煎餅、美女老闆娘送外賣、煎餅相對論公開授課等，都一度成為網友口中最津津樂道的話題。

第 2 章　未來：新行銷模式的藍圖

儘管該店鋪面積只有 15 平方公尺，能容下十幾張桌椅，但老闆還是在店鋪安裝了無線網路，就是為了讓食客一邊品嚐美味，一邊把看到的、聽到的、品嚐的「分享」給親朋好友，加快了訊息的傳遞速度，有利於店鋪的銷售。

除此之外，老闆非常重視與粉絲的互動，從開業至今，他收到的留言不下十萬則，他都一一回覆，他說：「這是微行銷時代的顧客關係維護。」從這些留言中，他能發現許多有用的訊息，激發更多靈感，同時令店鋪的形象更有親和力。

行銷若僅靠著既定模式，雖然在某段時間內曾獲得成功，但在網際網路日益興盛的今日，那些「寶典」似乎很難發揮作用，反倒是像前述煎餅店這樣的小品牌，能迅速在市場中站穩腳跟，正如其老闆所說：「我用這種最不像行銷的行銷方式，打動了大眾的心。」

在當今多元化的時代，大眾最渴望的不是產品本身，而是附著於產品上的價值，但每個人看事物的角度不同，所以必須給予他們空間，令其自由表達，這就是微行銷能廣受歡迎的原因。

目前，已經有一些品牌利用微行銷成功地把產品推向市場，未來，這種行銷方式會成為主流，也逐漸引起品牌管理者的重視。

煎餅店老闆在探索微行銷的過程中，不僅懂得為大眾提

供討論平臺,還著重於品牌的個性化,這是吸引粉絲的另一個關鍵,引發他們的認同感和親切感。

老闆曾表示他對品牌的準確定位:藉助網際網路平臺,提升大眾的體驗感。

正因如此,他還推出了利用即時通訊工具訂餐的服務,同樣受到大眾的青睞,根據一位經常光顧的食客說,想吃什麼,線上傳訊息即可,無需排隊,還能享受外送服務。

此外他的每一項宣傳,都是透過社群網站,不論是促銷訊息,還是各種店鋪活動,都能吸引社群粉絲的注意力,成為一道亮麗的「風景」。

由此可見,想要成功推廣品牌,就必須注重使用者的感受,只有當他們覺得有意思,才會在這裡駐足,並最終願意掏腰包。

值得一提的是,該店雖然很有創意,但絕不「閉門造車」,而是積極收集使用者回饋,並根據食客的評價,不斷調整口味,再正式推出,結果的確令老闆和客人都滿意,許多顧客還經常介紹朋友來,甚至有些食客會打包十幾份帶回去⋯⋯

可見,選擇微行銷不僅能節約行銷成本,還能使成效加倍,這要歸功於網際網路的特殊優勢,它就像一座橋梁,緊密地連結企業與粉絲(消費者和潛在消費者),讓兩者之間

第 2 章　未來：新行銷模式的藍圖

的溝通更加順暢，長期處於這種環境的消費者會更「忠於品牌」，而潛在消費者會逐漸變成真正的消費者，這正是微行銷的最終目的。

　　由此可見，大眾非常享受微行銷帶來的顛覆性生活，而且已經有某些品牌管理者從中獲得實在的利益，未來行銷趨勢會呈現什麼樣子，已經顯而易見了。

第 3 章　革新：利潤增長的契機

「有投入就會有回報」是一句老話，大部分商家也都堅信這一點，甚至相信：「有更大的投入就有更大的回報。」

實際上，這句話在行銷行業中並不一定適用。

成功者畢竟是少數，對很多中小型企業來說尤為艱難。多少商家在投入了大筆資金做行銷之後依舊難以回收成本，恐怕數都數不清。並非每一位企業家都願意為微行銷涉足冒險，很多商家認為微行銷不需要太多投入，帶來的回報自然不會太理想，相當於一塊雞肋 —— 食之無味。

但現實顛覆了很多人的觀念，也讓不少抱有上述觀望態度的企業家跌破眼鏡 —— 為什麼有些企業僅僅是在社群媒體上發表一些消息就能夠受到如此龐大的關注？由此帶來的利益也如此龐大？

商家們沒有想到，正是他們所不重視的微行銷，為原本發展無門的中小型企業帶來無數商機。微行銷的門檻之低，提供這些商家把行銷做大做強的機會，再也不受原本缺乏資金的束縛，進而建立起屬於自己的網際網路行銷模式。

微行銷的原則就是：只要了解經營模式，抓住微行銷精髓，就增加了走向成功的機會。在相同條件下，在相對公平

的環境中，一些中小型企業的微行銷做得不一定比很多大型企業差，自然也就領先同儕了。

只要商家下定決心邁進微行銷，做好微行銷，才能讓自己的行銷之路走得更遠。畢竟現在的行銷市場上，走微行銷道路是潮流所指、大勢所趨。

「世界 500 強」會受微行銷影響嗎？

有商家會產生這樣的疑問：微行銷所帶來的改變，對行銷模式來說確實是巨大的衝擊，這是否只是針對中小型企業？對於世界 500 強的大型企業來說恐怕就不是如此了吧？事實上並非如此。類似世界 500 強這種超級跨國企業，對市場變動的嗅覺總是無比敏感的，反而是最早一批理解到微行銷威力和潛力的企業。像戴爾這樣的大型企業，很多都在第一時間建立起了屬於自己的企業社群帳號、官方網站、行動銷售平臺、網路客服平臺等，形成了一套屬於自己的行銷產業鏈，這是很多中小型企業一時之間沒有能力完成的。

據統計，截至 2011 年底，世界 500 強企業已經有近 400 家加入微行銷的洪流中，紛紛在 Twitter 等主要社群平臺建立了行銷鏈。在中國的微行銷也可謂是不遺餘力，有些企業由於不具備傳統行銷的主場優勢，索性直接把主戰場轉移到了社群平臺、行動網路平臺上。

第一部分　行銷 3.0 時代的故事

　　中小型企業根本不需要擔心微行銷發展不起來，因為全世界都嘗試在微行銷當中分一杯羹。在 2012 年初時，根據相關的統計，僅僅是新浪微博一家，就有 54,326 家各類企業、1,000 多家媒體機構和 5,000 多個公共團體進駐。在數以億計粉絲的推動下，可以預見這些入駐的企業將獲得怎樣的人氣和名望！

　　在當今這個網路媒體不斷發展的時代，各大企業紛紛加入微行銷的行列，並不只是單純跟風和做無用的嘗試，而是意識到了其背後潛藏的價值。

　　微行銷是社會媒體化的產物，企業（不論是大是小）都可以在微行銷的平臺上進行品牌直銷、產品及服務宣傳、開發並創新產品、公布企業最新動態。

　　微行銷最大的優勢就是操作簡便，流通性強，成本低廉，這是企業選擇其最主要的原因之一。中小型企業用於行銷的成本可能是 40 萬至 400 萬元，諸如世界 500 強企業這樣的大公司，每年僅在行銷方面花掉的錢就可能達到數千萬乃至數億元。如果能省下這麼一筆鉅款，無論是將其投入到新產品的研發還是完善售後服務，都是性價比最合適的選擇，對提升企業的品牌價值只有益處。

第 3 章　革新：利潤增長的契機

改變並適應新式網路行銷是社群主流

在了解網路行銷之前，有必要先了解什麼是社群媒體。

社群媒體指的是網路使用者可以透過自己的評論、撰文等，傳遞消息供他人分享和交流意見，這種可以討論、交流的網路技術就叫做社群媒體。而商家所熟知的微行銷，就是社群媒體的產物之一，其賴以生存和發展的基礎也正是社群媒體。

為什麼說微行銷是社群媒體的產物？

隨著社群媒體的繁榮與發展，越來越多的商家發現──為什麼不把這一平臺作為企業行銷的推動力呢？有人的地方就有市場，有網路的地方就有訊息的流通，由此，社群媒體行銷也就誕生了。

微行銷作為社群媒體行銷的方式之一，最基本的特點，就是它利用社群網路、線上社群、百科、部落格等網際網路交流平臺來行銷。

由於這些網路行銷所能帶來的便利非同凡響，越來越多企業意識到社群媒體行銷已經成為趨勢──Facebook、Twitter、新浪微博、騰訊微博……等等。這些社群品牌深刻地改變人們的生活，社群網路的時代已經來臨了。

社群媒體行銷並不僅是一種簡單的風尚或企業行銷方式的改變，而是一種由內而外的巨大變動，企業想要真正進入

社群行銷，需要改變的不僅僅是固有的行銷模式，還要對網路行銷有一定的了解，才能在最短的時間內形成一套穩定的新型行銷模式，避免捨近求遠、白費力氣。

企業該如何改變自身、適應行銷的新模式呢？

第一，企業要為自身的社群媒體行銷做出精準定位

這種定位不僅僅是針對企業本身，還要針對市場及客戶。企業在進入網路行銷的同時，對企業品牌做出準確定位，即「我們該賣什麼」、「我們該如何去賣」、「我們要樹立怎樣的形象」，這些在企業發展初期是非常重要的。對客戶群也要進行定位。企業要在社群網路上選擇最適合自己的平臺，例如某企業主要經營青少年服飾、鞋類，就應選擇針對具有消費能力的學生群體常用的平臺。企業必須做到，客戶群體在哪裡，就將行銷的主戰場搬到哪裡。

第二，企業在進軍網路行銷時，要制定全面的發展策略

有的企業認為，做網路行銷很簡單，只要會在主要的社群平臺上建立帳號，偶爾發表產品新聞就可以了。而事實上遠不僅只於此，企業要詳細規劃可能涉及的各階段重點，如帳號矩陣的建立、內容的規畫、宣傳方法、危機公關的建立以及互動回饋系統等前期準備工作，這些都需要投入不少心血。只有把各方面規畫完成，才能幫助企業在短時間內形成自己的一套網路行銷機制。

第三,檢測網路數據,積極回饋商家

制定出行銷策略,不能僅僅是執行,還要根據即時效果,接受回饋並即時調整,對客戶的售前諮詢、回饋意見進行即時解答。如此一來,不僅能夠讓網路行銷系統更加完善,也能在無形間拉近與客戶之間的距離。

要改變原有行銷模式、適應新行銷模式時要注意的全部事項,當然並非僅止於此,但若做好前述三點,無疑是為企業在進軍網路行銷的道路上打下堅實的基礎。改變原有行銷模式,並不意味著企業必須完全放棄原有的模式,若具有雙管齊下的能力,必然效果將會更好。

資訊業男子賣肉夾饃的微行銷經

2014年4月,有一篇文章在網路上轉傳熱議,文章標題《我為什麼要辭職去賣肉夾饃》,一位名校畢業的資訊業男子,究竟是為什麼要辭掉高收入的高級工程師工作,改行去賣肉夾饃呢?

廣場中間一條大大的人龍,這些人都在排隊等著購買肉夾饃,來到店面,裡面一名二十多歲的年輕人剁著醬滷肉,還有一位女孩在收銀。這家生意熱絡的肉夾饃店,是由四名交大畢業的資訊業男子創辦的。

這四位交大畢業的男士,有的專攻自動化、電腦,有的

學化工,有的主修管理,而身為創業團隊的負責人,學自動化的孟兵在畢業之後,還在百度、騰訊等網際網路大公司工作過。四位前程似錦的年輕人,卻毅然辭職,做起了肉夾饃的生意。

為了做出最好的肉夾饃,孟兵等人還專門回老家學習道地的肉夾饃手藝。但由於準備在北京開店,而北京很多地方是禁止明火的,他們不得不放棄爐火烤製的傳統方法,花費半年的時間,終於研發出使用電烤箱製作,又能保留烤饃酥脆口感的獨特配方。

孟兵對於自己的創業有著不小的野心:「我們的目標不是開一間小店、賣幾個饃,賺生活費這麼簡單,或者存錢買間房子,我們的人生追求沒有那麼狹隘。我希望自己做一些對得起這一生的事情,精彩地活著。現在創業,我的未來有無限可能。」

而作為名校畢業的高材生,這群創業團隊的行銷理念也與其他小餐廳有所區別。對於一般小餐廳而言,在媒體上刊登廣告的成本太大,利潤微薄的小餐廳大多難以負擔廣告的昂貴費用。他們採用的是另一種免費的行銷模式 —— 社群網路行銷,其成果讓人眼前一亮,成績斐然。

他們的社群行銷就是圖文並茂地向消費者說故事,為消費者提供大量的訊息,讓人在閱讀中獲得樂趣,此外發布的

第 3 章　革新：利潤增長的契機

社群訊息中還包含著描述店鋪實際位置的地圖，便於消費者直接找到他們的店鋪門市。

作為曾經的資訊業人士，孟兵還為資訊業公司員工提供福利，在他們肉夾饃店附近的資訊業公司員工，都可以享用免費的肉夾饃，也因此門市前每天都大排長龍。

這樣的行銷模式，大部分由最後加入創業團隊的袁澤陸所發想，這位大學主修管理學的年輕人，將管理與生活結合，敏銳地捕捉到了社群行銷精、準、穩的特點，用低廉的行銷模式，為自己的小肉夾饃店帶來絡繹不絕的客人。

孟兵自豪地說：「從效果來看，不可否認我們的行銷做得不錯，產品和使用者產品體驗放在第一位，行銷是錦上添花。我們是專業的網際網路團隊，深諳網際網路行銷之道，寫出吸引目光的故事、應透過何種通路傳播，這對我們而言都是比較輕鬆的。」

先有了社群網站，才有微行銷，其中的關鍵，在於商家利用網路社群平臺，透過盡可能新穎的方式，將品牌消息傳播出去。基於社群媒體個人帳號的「個性化」，光發表品牌訊息還不行，還必須夾帶「個人主張」，要讓大眾覺得建立該帳號的是個活生生、有意思、十分可愛、天馬行空的「人」，他們才願意與之互動。

縱觀前述具有網際網路概念的店鋪，老闆具備當下年輕

人的所有特點,願意自嘲又有娛樂精神,經常在社群媒體上發表搞怪圖片和文字,以吸引更多使用者關注,品牌的建立是基於社群網站的,因而需要大量粉絲的支撐,店鋪的經營才能得到良性循環。

小米的飢餓行銷餓了誰?

俗話說「飢不擇食」。對於一個飢餓至極的人來說,無論多麼難吃的食物,都會被當作美味;而對於一群飢餓至極的人來說,只要出現一點點食物,就會陷入瘋狂搶食!

經過長時間的網路宣傳,2011 年 9 月 5 日,小米網站終於正式開放了小米手機的網路預訂。也就是在 5 日 13:00 到 6 日 23:40,不到一天半的時間裡,小米手機的預購量已經超過 30 萬臺,小米網站不得不宣布停止預訂,並關閉了購買連結。

2011 年 12 月 18 日凌晨,小米手機開始銷售,但每人只能限購兩臺。就在三個小時後,小米網站就宣布,「12 月線上銷售的 10 萬庫存全部售罄」;2012 年 1 月 4 日下午,小米網站上線了第二批十萬臺小米手機,這批手機在兩個小時內即被搶購一空!

就在眾多品牌手機在市場上苦苦掙扎之時,這個不見實體、不見門市的小米,竟然瞬間成為國內市場上的「搶手

第 3 章　革新：利潤增長的契機

貨」。很多老闆都不得不疑惑：「小米究竟是怎麼做到的呢？」

小米手機「問世」已將近三年，而一提起小米手機，大多數人都會想到「低價」、「高階」、「搶貨」這三個詞，也正是這三個特性。

根據清華大學、北京大學網路行銷授課專家劉東明老師的解釋：「在市場行銷學中，所謂『飢餓行銷』是指商品提供者有意調低產量，以期達到調控供求關係、製造供不應求『假象』、維持商品較高售價和利潤率的目的。」

飢餓行銷一直是蘋果公司的慣用行銷策略，小米集團董事長雷軍曾表示：「希望有一天能像賈伯斯一樣改變些什麼。」於是，雷軍在 2011 年，以一款沒有實體門市的手機產品，進軍行動智慧手機市場。在最初的三輪預訂中，僅僅用了 75 個小時，小米手機就實現了 100 萬臺的銷售量，雷軍實在把賈伯斯的飢餓行銷學得十分徹底！

小米從宣傳到銷售都是在網際網路中進行，沒有代言人，也沒有實體店面，這也是其他手機業者難以理解之處──為什麼自己花了大把金錢，請明星代言、搶占商場專櫃，卻不如小米熱絡？這就是微行銷的魅力所在。

透過在官網、社群網路發表各種消息，引發市場的好奇心，再以高性價比刺激市場需求，最後，就只需要在收到消費者的預訂款後，慢慢生產，再依靠快遞將貨物寄送到客戶

手中,這就是小米的全部銷售方式。在整個行銷過程中,小米幾乎沒有付出什麼成本,而其行銷效果卻讓人心驚!

然而,雖然依靠高性價比的產品和飢餓行銷方式,小米以極低的行銷成本,迅速贏得了市場的喜愛,但無止盡的飢餓行銷也讓市場開始感到厭倦。即使是蘋果,也從未曾像小米一樣,將飢餓行銷用到這種地步。僅依靠飢餓行銷作為企業的行銷方式,這樣的過度行銷將不再讓消費者「飢餓」,而只是餓了自己。

第二部分
微行銷：未來十年的主流

第二部分　微行銷：未來十年的主流

第 4 章　全面解析微行銷利器

現今，關注微行銷的商家不在少數，許多知名業內人士認為，微行銷的熱潮在未來十年內將持續上漲。甚至有人斷言：如果不能把握微行銷的潮流，那麼企業將在未來的十年內失去行銷的話語權。

曾有人如此形容社群網路作為行銷利器的威力：「當一家企業的粉絲超過 100 人，該企業的社群帳號就好像是一本內部刊物；超過 1000 人，企業就像是個布告欄；超過 1 萬人，該企業就像一本雜誌；超過 10 萬人，企業的影響力像是一份報紙；超過 1 億人，該企業的社群帳號就是電視臺了。」

由此可見，作為微行銷的一種方式，單單是社群媒體就擁有龐大的影響力，更不用說在手機等其他行動平臺上所能匯聚起的力量有多麼可觀。

不論是企業還是個人，只要忽略了這個平臺，不重視社群媒體行銷的效果，就有可能失去競爭力。反之，如果能順應時代潮流，把握微行銷利器，就有機會擁有整個行銷市場，擁有企業成功的未來。

某知名公司的總經理曾發出無奈的感慨：「這是一場輸不起的戰爭。」

第 4 章　全面解析微行銷利器

2014 年新浪微博官方宣稱，截至 2013 年 12 月，微博的月活躍使用者（MAU）數量和日活躍使用者（DAU）數量分別達到 1.291 億和 6,140 萬。新傳媒網執行長王斌認為：「面對這樣一個巨大的市場，幾大門戶的瘋狂就可以理解。但是，面對微博的發展，他們需要不斷創新，才能擁有持久的優勢，未來誰的微博產品與服務更能吸引使用者，誰就能獲得市場與主導權。」

微行銷的重要性，從這些大型企業的反應中就可見一斑了。本章中，將會詳細地介紹微行銷的優勢所在，為什麼各大企業擠破了頭也要進軍微行銷。

為什麼歐巴馬的粉絲數比不過星巴克？

2008 年美國總統大選之際，很多人發現，總統候選人巴拉克‧歐巴馬（Barack Obama）在 Twitter 上註冊了個人帳號。很快地，該帳號被數以萬計的粉絲追蹤，同時他們驚喜地發現自己也被「歐巴馬」追蹤了。

歐巴馬在 Twitter 平臺上的宣傳可謂不遺餘力，在短短的時間內發表了近 250 條更新，內容包括自己的政治理念和個人生活習慣、信仰等；而 Twitter 的眾網友也沒有讓他失望，在網友的推動和支持下，歐巴馬也順利當選了美國總統。

然而，細心的網友不難發現，儘管歐巴馬在 Twitter 的粉

第二部分　微行銷：未來十年的主流

絲有 400 萬至 500 萬人之多，但是其人氣依舊不能與全球最大的咖啡連鎖店──星巴克咖啡（Starbucks）相提並論。

2004 年 Facebook 上線、2005 年 YouTube 成立、2006 年 Twitter 問世，社群網路時代的到來，為傳統企業帶來機遇的同時也使它們面臨巨大挑戰。星巴克順應潮流，在 2005 年 11 月註冊了 YouTube 帳號，並建立專門團隊經營其 Facebook、Twitter 和 YouTube 帳號。憑藉線下良好的品牌聲譽和線上的妥善經營，星巴克成為各大社群網路上最受網友喜歡的餐飲品牌之一。截至 2013 年 4 月 17 日，星巴克的 YouTube 帳號有 17587 位訂閱使用者，其影片被觀看次數達 749 萬次；星巴克的 Facebook 帳號共收到 3426 萬「按讚」（Like）；而其 Twitter 帳號的粉絲數更達 365 萬人。

除了以上三個社群媒體及社群網路外，星巴克也積極利用 Pinterest、Instagarm 和 Google 等後起社群網站。截至 2013 年 4 月 17 日，星巴克的 Pinterest 有 81340 個粉絲，遠高於其他餐飲企業（同期麥當勞僅有 2190 個粉絲，肯德基僅有 1644 個粉絲）；星巴克的 Instagram 帳號有 118 萬粉絲；而其 Google 帳號也有高達 153 萬個粉絲。而星巴克咖啡在中國的人氣也是歐巴馬所不能比擬的，自從 2010 年 5 月 14 日，星巴克中國在新浪微博註冊認證以來，其粉絲數量已達到 116 萬人。

當然這是有原因的，原因如下：

第 4 章　全面解析微行銷利器

原因一，兩者的理念（或目的）不同

對歐巴馬來說，他只是一個個體，其目的是為了競選總統成功，使用 Twitter 為其錦上添花，增加聲望；而星巴克咖啡則不同，他們是要將在中國的行銷陣地完全轉移到微博平臺。動機不同，付出的努力、實行效率和得到的結果就會不同。

原因二，依靠星巴克咖啡獨特的行銷方式

將「享受、休閒、崇尚知識」的獨特品味風格傳達給網友，而不僅是「賣咖啡」。對星巴克來說，彰顯企業文化，比起高銷售量更有價值和意義。而這一點，也深刻展現在星巴克對網際網路傳播的獨特理解──企業有親切感、親和力，能夠拉近與消費者的直接距離，是社群行銷的重要過程。

原因三，行銷的系統性

星巴克咖啡作為世界一流企業，每一項工作都投入了大量的人力、物力，精心做到最好，哪怕是對成本相對較低的微行銷也不例外。星巴克咖啡對微行銷有一套完整的運作系統。以新浪微博「星巴克中國」為例，發布的訊息著重在普及咖啡知識、宣揚生活理念，偶爾宣傳相關的星巴克活動，例如 2014 年 4 月 22 日，世界地球日當天上午 9：00 至 12：00，帶星巴克隨行杯或馬克杯到店，為消費者的環保行動回饋一杯新鮮調製咖啡。與此同時，還有相關工作人員時刻關注網友動態，一旦出現問題需要回饋，他們會在第一時間予

以解答。星巴克亦重視網路銷售服務，會迅速、耐心地解答消費者提出的售後問題，免除消費者的後顧之憂。這些細節層層相扣，共同建構出超高人氣。由此可見，當企業具有一個完善的操作團隊，才能完整形成微行銷產業鏈。

微行銷「行」在哪裡？

這麼多企業選擇微行銷並不是沒有理由的，更不是盲目跟風，而是微行銷比起傳統行銷確實是有著無與倫比的優勢。

無與倫比的優勢如下：

優勢一，即時性強

隨著網際網路、行動網路的發展，微行銷走上了行銷的主流舞臺，最重要的原因就是它有著極強的即時性。很多人用隨身攜帶的手機、平板電腦等就能夠透過社群網路平臺，經由文字、圖片等發表意見；企業做微行銷也是如此，商家可以第一時間在網路上發表企業的最新動態，宣傳新產品和服務，推廣企業最新的優惠促銷活動。這一點，比起經由電視、報紙上發表的廣告要快捷許多。

優勢二，成本低

這是微行銷與傳統行銷相比最大的優勢。在企業的傳統行銷鏈中，宣傳、聯絡、公關、銷售、統計、回饋、售後等階

段,都需要投入大量的人力與物力,所花費的成本占據了企業收入的絕大部分。微行銷則巧妙地避開了大部分需要花費現金的階段,如宣傳、聯絡客戶等,透過網路平臺就可以簡單完成,有些微行銷系統完整的企業,甚至可以直接透過網際網路進行交易,而售後統計和回饋等步驟也能透過社群媒體平臺完成。不能忽視的是,網路還能幫助企業迅速地聯絡客戶,處理客戶回饋,第一時間解決售後問題。而這些除了需投入人力操作之外,其他成本等同由社群媒體平臺「墊付」了。

優勢三,面向廣大網路用戶,具有廣泛性

許多企業為了精準定位目標客戶對象,花費很大的精力,然而在微行銷平臺上,幾乎可以忽略不計,因為網路行銷面對的是全體網路用戶。企業所發表的產品訊息,會被有購買需要的網路用戶迅速得知,透過轉發、評論、個人發表等途徑將訊息傳遞給其他人,如此一來,根本不需要企業自身費力宣傳,就能夠找到適合其產品和服務的消費族群。

優勢四,操作簡便,週期短,無需複雜冗長的流程

商家轉戰微行銷市場以後,最大的感慨就是:比起以前省時、省力多了。之前幾乎全公司員工都要參與行銷的各階段工作,而現在只需要極少數的專門人員,就能將微行銷做得很好。僅僅是偶爾發表一則140字以內的社群消息,就能讓企業的宣傳無孔不入,比起傳統行銷要策劃、實施、回

饋,實在方便太多了。讓人才投身到企業新產品的研發中,專人專職,可謂一舉兩得。

因為看得見優勢,所以被應用

微行銷的優勢是看得見的,也正因為如此,才會被廣大商家接受。而說到微行銷的優勢,就一定會提到三大特點,那就是「快、準、狠」。

「快、準、狠」具體說明:

特點一,「快」即微行銷的時效性

無論是企業還是個人,都能夠將最新動態發表到網路上,供粉絲進一步了解。例如,某公司即將在某市進行新品發表會,活動前期在社群媒體上發表一則訊息,立刻就會有對其感興趣的粉絲關注。網路消息的時效性之強,內容既可以是幾天後的,也可以是當天的,並不會耽誤企業實際的活動準備和實施,更能夠讓關注該活動的消費者第一時間參與其中。微行銷的出現,就是要改變時間和地域的限制。

特點二,「準」表現在微行銷的精準性

與傳統的行銷方式不同,微行銷吸引消費者前來,而不是像無頭蒼蠅一樣到處尋找消費者──只有對該企業感興趣的使用者,才會去追蹤企業的社群帳號。例如,某旅遊愛好

者想購買一些外出旅行用品,首先會主動查詢戶外旅遊品牌的產品訊息。因此,微行銷的受眾幾乎都是企業產品的相關使用者,精準性極強,免去了企業進行目標客戶定位的繁瑣步驟。更讓商家欣喜的是,微行銷的優點遠不止如此,這種精準定位的使用者,在使用過企業的產品或服務之後,如果產生了良好的使用經驗,就很容易成為該企業的忠實客戶,即固定的消費族群。

特點三,「狠」則包含了微行銷的傳播性、便捷性、節約性

微行銷具有驚人的傳播速度與傳播範圍。可以隨時隨地發表,不僅方便快速,傳播狀態更是不斷變化,涉及的範圍也是無與倫比的。這樣,也就使得微博、手機網路平臺的訊息能在短時間內形成「裂變式傳播」,也就是一對多傳播擴散,只要事件的影響力足夠,該訊息的傳播速度將不斷上升,直至覆蓋全球。

在微博史上,創造微博傳播最快速度的是中國紅十字會。在中國紅十字會微博開放的兩天時間內,發表的微博加起來一共被轉發超過 10 萬次,評論更是超過 20 萬則,直接或間接受到影響的使用者接近一億人次。此後,每次地震、土石流等自然災害發生時,中國紅十字會受到的關注度無疑都是最高的。

社群平臺發表方便快速,操作簡單,成本低廉,即便是

一家中型企業的官方帳號,也不需要太多的人手參與其中。一般來說,小型企業的網路行銷系統只需 1 至 3 名員工就可以維持正常運轉,中型企業則需要 5 至 20 人不等,而像星巴克、蘋果這樣的大型企業,則需要至少 50 名員工同時線上,才能維護微行銷平臺的正常運作。當然,這只是一般情況,實際所需要投入的人力、物力還要根據企業的個別情況決定。

同時,微行銷還具有互動性強的優勢。

在社群平臺上,網路用戶是構成行銷的基礎。他們不僅僅是閱聽人,更具有表達自己觀點想法的能力和權利,透過與其他使用者的交流,傳遞對企業的看法和回饋。也正是因為使用者同時具備這兩種角色,也讓網際網路行銷平臺的交流更具互動性。企業可以利用這種互動性,對目標使用者進行輿論引導,進而樹立品牌正面形象。同時,商家要注意的是,企業不應僅僅把社群媒體當成宣傳和銷售的平臺,而更應該注重與使用者之間的互動,加強企業與客戶的連繫——這份連繫往往比直接行銷帶來更長久的利益。

賣萌喊冤,抓牢粉絲的心
—— 加多寶「對不起體」

「加多寶」作為涼茶品牌,一般在夏秋之季才會頻繁出現在消費者的視野裡,但 2014 年春節期間,加多寶卻引起了眾多網友的關注,這都源於加多寶於 2014 年 2 月 4 日發表的四

第 4 章　全面解析微行銷利器

則「對不起體」留言。四則文案引述如下：

「對不起！是我們太笨，用了 17 年的時間才把中國的涼茶做成唯一可以比肩可口可樂的品牌」

「對不起！是我們太自私，連續 6 年全國銷量領先，沒有幫助競爭對手修建工廠、完善通路、快速成長」

「對不起！是我們出身草根」

「對不起！是我們無能，賣涼茶可以，打官司不行」

配上一張幼兒哭泣的圖片，「委屈」的加多寶贏得了消費者的同情和認同，在短短兩個小時內，這四則發文的轉發量總計超過了 4 萬次，評論量總計也超過了一萬則，「對不起體」迅速成為熱門話題之一。

作為一次成功的微行銷案例，這次事件的起因究竟是什麼呢？源自於加多寶與王老吉之間的涼茶之爭，加多寶在被限制使用「王老吉」作為產品名之後，就以「王老吉改名為加多寶」等宣傳詞，希望將王老吉的消費者轉移到加多寶。

然而，2014 年 1 月 31 日，法院裁定：「要求加多寶立即停止使用『王老吉改名為加多寶』或與之意思相同、相近似的廣告語進行廣告宣傳的行為。」擁有「王老吉」商標的廣藥公司自然是樂見其成，而加多寶面對一年內的第二次官司失敗，當然要做出反擊。就這樣，「對不起體」橫空出世，以事實為依據，以情感為催淚彈，最終在輸了官司的情況下，贏了市場。

正是透過將微行銷作為危機公關行銷的方式，加多寶才能夠實現「反敗為勝」的結果。在迎合社會價值取向中，贏得消費者的認同和同情，加多寶以四則社群貼文，對官司的失利做出了反擊。

而也有網友和律師認為加多寶發表這樣的訊息，涉嫌「貶低對手」，但加多寶公司相關負責人則回應：「該宣傳表述的都是客觀事實，沒有任何貶低其他人的意思，如何解讀是個人的事。」

雖然在「對不起體」出現的幾小時後，就有王老吉的支持者用「沒關係體」，配以一張可愛的幼兒圖片，幫助王老吉對此作出回應，但效果卻是一般。

後者並未能贏得消費者的認同，原因在於社會「同情弱者、失敗者」的價值取向。在輸了官司之後，加多寶以「賣萌」向粉絲喊冤，已經抓牢了粉絲的心。而作為勝利者的王老吉，在這種時候的任何回應，其實都會被粉絲看作是勝利者的驕傲，而對其產生反感。

天貓 1.5 公尺內褲「自黑式公關」

對任何一家公司而言，發表錯誤的數據，無疑是影響巨大的。而對於一家電商而言，算錯內褲的尺寸，實在令人尷尬，更不要說是出現在天貓發表的「雙十一戰報」中了。

第 4 章　全面解析微行銷利器

　　11 月 11 日是淘寶發起的「購物節」，幾年下來，每年的「雙十一」都讓人為之瘋狂，無論是賣家、消費者，還是物流、媒體，幾乎都圍繞著「雙十一」討論。而在 2013 年 11 月 11 日凌晨 1：27，天貓在社群發表了「最新戰報」：「一小時天貓 11.11 購物狂歡節支付寶交易額超 67 億元人民幣，手機淘寶支付寶交易額超 10 億元人民幣。文胸內褲，你們贏了！」並指出「『雙十一』一小時賣出 200 萬件內褲連起來有 3000 公里長」。

　　當大多數人都在為「雙十一」的戰績而心驚時，一則評論卻引起了大家的注意。這則評論來自警察局，原文是這樣寫的：「馬雲你好！我是警察蜀黍。恭喜你今天天貓交易額突破 300 億元人民幣！我們都為你感到驕傲！我的問題是：為什麼天貓賣的 200 萬條內褲連在一起會有 3000 公里長？你們賣的內褲尺寸平均每條都有 1.5 公尺長嗎？這種尺寸的內褲對購買者來說有什麼意義？謝謝。」

　　警察的特殊身分，和簡單的邏輯錯誤，讓這則貼文在一個小時內就被轉發超過一萬次，大家從驚嘆「雙十一」，變成吐槽「雙十一」，也有人對天貓發表的其他數據產生質疑。一直順風順水的「雙十一」就這樣陷入了尷尬的危機處境，天貓究竟要如何回應，才能消除這次危機事件的負面影響呢？

　　而就在該則評論發表的 54 分鐘後，天貓就做出了回應──「倫家就是雞凍地昏頭了好嗎……來盡情地取笑

我吧！＃數學老師對不起了！＃」。就是這樣一段詼諧幽默的「自黑」，讓大家感受了天貓致歉的誠意，同時發起新話題——「＃數學老師對不起了！＃」，希望轉移這次事件的焦點，將大事化小，以互動的方式淡化大家對「雙十一」數據的質疑。

到了11月12日，經歷過「雙十一」瘋狂的購物之後，議論「1.5公尺內褲」的網友越來越多，也有很多網友陸續發表自己的「數學糗事」作為對「＃數學老師對不起了！＃」的回應，其實，網友們已經原諒了天貓「1.5公尺內褲」的失誤，而只是將之作為一次話題娛樂。

下午4：30天貓對此事再次做出回應——「昨天數學不好，險些被K尿崩……半夜吭哧吭哧翻出小學課本滿血惡補！此刻我明白了：350億元人民幣累積起來的厚度相當於4個聖母峰的高度，能鋪滿585個足球場，7節火車才能拉走。不知道對嘛？求高人！求拯救！線上跪等！」與這則貼文相配的還有演算的草稿紙，同樣詼諧的語言以及誠懇的態度，讓網友們感受到了天貓的可愛之處，天貓作為一隻「可愛的貓」更加受到網友的喜愛。

如果事情到此結束的話，天貓的這次危機行銷也只能算得上是中規中矩，而無法被稱作「經典」。事件發生的第四天，天貓又發表了一則貼文，讓網友們進一步提高對天貓的好感。

該則原文是:「上午正忙工作,一眼看到馬總到我們這裡,小編心想當董事長的人就是悠閒啊,冷不防馬總突然走到我們這裡開始跟我們閒聊起來。」而在貼出的閒聊對話中,網友們可以看到馬雲的各種「自黑」,他在對話中調侃自己數學不好、個子矮,等等,並暗示「1.5公尺內褲」事件發生最大的原因其實就是自己。

就這樣,透過三則「自黑」的社群貼文,從小編到馬雲,整個天貓都表現出了自己的可愛之處。這場快速應對、精心策劃的「自黑式公關」,讓天貓在消除「1.5公尺內褲」事件負面影響的同時,塑造出更親民的品牌形象,取得了完勝。

在企業的危機公關和品牌行銷方面,指尖利器的作用可見一斑。天貓的社群貼文不但即時化解了自我失誤帶來的消極影響,還在裝可愛中拉近了與粉絲的距離,可謂一舉兩得。同時也為其他企業做出榜樣,在微行銷盛行的今天,不能完美地掌握指尖利器,就很可能會被時代所拋棄。

■ 第二部分　微行銷：未來十年的主流

第三部分
微行銷的競爭戰略

■ 第三部分　微行銷的競爭戰略

第 5 章　選擇合適的戰場

　　企業進軍微行銷所要面臨的第一道門檻，就是選擇合適的社群媒體平臺。能否通過這一道關卡，可以說是企業成功轉戰微行銷的關鍵，原因有三點：

　　原因一，每家企業都是針對客戶實際需求生產自身特定產品並提供服務。雖說微行銷能為企業定位客戶族群，但也只是定位具體的消費人群，例如某商家尋求需要運動品牌服裝的消費者，這一類消費者就屬於具體族群，而他們所屬於的目標族群，則需要企業自己去尋找該類族群的「聚居」平臺。

　　原因二，社群媒體行銷戰場複雜多變，要選擇自己最適合的。尤其各大入口網站競爭非常激烈，各大企業已全面占領了行銷戰略位置。建議商家在深入了解行情以及同行業在某平臺所占的比例、發展程度等問題後再進入該平臺。

　　原因三，不同的網路平臺經營方式不同，操作難易程度也不同。如在新浪微博平臺上，企業只需要建立簡單的帳號，經過認證，確認行業走向之後就可以投入執行，後期只需要有專人維護，定期發表訊息就可以了。而如果企業在騰訊開通了微博，除了上述操作外，還要注重建立關係網，因為騰訊微博是建立在 QQ 空間和朋友圈的基礎之上的。龐大

的關係網操作得當更能夠帶動行銷產業鏈的形成。

與此同時,在選擇行銷主戰場的時候,還要注意網站是否正規,是否需要企業認證,避免被他人仿冒、山寨。同時,還要觀察該平臺的運作規模、粉絲人數、營運風格等,如果一個網站的大多數用戶抵制微行銷,那麼除非能保證做到手段高超,最好還是敬而遠之。

網路平臺究竟是怎麼一回事?

有些商家在轉戰社群媒體行銷之前,難免躊躇不前,因為他們並不了解社群行銷,也不知道所謂的網路平臺是怎麼回事。畢竟,網路平臺是他們今後的主戰場,要是對戰場一知半解,以後該如何發展?

簡單地說,網路平臺就是網站,是網際網路提供人們交流、發表個人想法的地方。而人們所說的網路平臺行銷或線上行銷(Online Marketing),與社群媒體行銷的差別其實並不大,都是利用網站進行推廣、銷售產品或服務,建立品牌價值的行銷方式。網路行銷平臺包括搜尋行銷、競價行銷、關鍵詞行銷和資料庫行銷,這四大重點相輔相成,共同構成網路使用者可見的行銷產業鏈。

廣義而言,網路平臺行銷又可以被稱為網上行銷、線上行銷和網路行銷等。而這些名詞都與網路有關,也就是說,

第三部分　微行銷的競爭戰略

網路平臺行銷就是以網際網路為基礎展開的行銷活動，這與傳統的行銷模式截然不同。

了解網路平臺和網路平臺行銷的概念之後，就要了解如何才能做好它們。做好網路行銷的關鍵，首先就是要理解其意義和目的。片面地說，企業做網路行銷的目的就是宣傳和銷售其產品或服務，但更重要的是要實現企業價值。企業價值不僅是銷售額的展現，而是綜合其品牌價值、收益價值和潛力價值等因素進行評定。

想要全方位地實現企業價值，就要充分理解網際網路的行銷環境。作為一種全新的行銷環境，網際網路具有許多傳統行銷所不具備的優勢，但也存在很多缺陷和不足。企業要學會利用網際網路平臺及該平臺所提供的便利，為企業行銷活動提供支持（宣傳支持、聲望支持、銷售支持、統計支持和回饋支持等）。

想要在網路平臺如魚得水，就必須遵循網路平臺的運作原則。

網路行銷是以國際網際網路為基礎的。網際網路的數位化訊息能夠有效地幫助企業了解商場最新動態，進而做出有利於企業的行銷調整。企業必須時刻注意市場所發生的變化，透過數據回饋（客戶評分、銷售預期值和銷售實際數額等），評估企業價值，並即時進行調整行銷的策略和方式。市場風雲變幻，只有不斷更新網路消息，才不至落後。這就是

第 5 章　選擇合適的戰場

網路平臺的時效性原則,商家必須時刻遵守。

網路媒體的互動性也有助於實現行銷目標。幾乎所有成功的微行銷企業都是以客戶為中心的,客戶中心論適用性極廣,尤其是在用戶眾多的網路平臺上。

社群媒體只是一種工具,網路化也只是大方向,只有真正做到與網際網路使用者互動,才能進一步實現企業價值。

選地到圈地

社群媒體行銷發展到了一定程度和規模,就會出現改變。這種改變並非根本性的變化,而是形式、經營方式和經營範圍等方面的變化,其中最明顯的則是經營範圍的變化。

企業,不論規模大小,在入駐網路平臺之前,總是要選擇適合自己的平臺,這種現象被稱作「行銷選地」。

而在「選地」的過程中,一般企業只會選擇一到兩個平臺作為主戰場,雖然微行銷不需要太多的人力和物力,但是如果範圍太大也會出現問題。有些有能力的企業,則會開闢出多個網路平臺作為戰場,同時選擇多個平臺作為副戰場。

「行銷選地」的優勢很明顯,說明如下:

首先,「行銷選地」確定的是商家的實際營運範圍。

既是商家主動選擇網路平臺,也是網路平臺在選擇商家。企業自己尋找建立起的客戶群體,很容易將其發展成為

固定的消費族群，為企業帶來長遠的利益。

其次，「行銷選地」操作相對簡便。

由於只需要經營一、兩個網路平臺，商家只需要投入少量的人力，時刻關注網路輿情，掌握了實際的操作方式、建立起完整且成熟的微行銷產業鏈之後，經營將會更加輕鬆。

但是隨著「行銷選地」的發展，很多商家發現，這種「選地」模式越來越不適應競爭日益激烈的網路平臺行銷市場。如此大量的企業加入網路平臺，每一個一線網路平臺上的企業數量都十分龐大，而「選地」這種方式實在是過於被動。「選地」充其量只是企業在簡單地進行市場操作，保持正常運轉，競爭力卻是不足的。

於是，另外一種更有力，也更偏激的經營模式出現了，那就是網路平臺行銷的「圈地運動」。

例如，近年百度頻頻進行「圈地行銷」，他們利用收購中小型搜尋引擎，同時包攬網路置入性廣告，計劃在未來的幾年內壟斷搜尋引擎行銷市場，便是一例。

這些企業採用「跑馬圈地」的模式，無疑是清楚圈地的優點：

優點一，「圈地」有利於深入挖掘潛在消費者

將某網路平臺劃為自己的「領地」，企業就有更多機會全面地介紹產品、服務，讓消費者進一步了解企業的品牌價值和產品價值。

優點二,「圈地」能夠節省成本,避免媒體浪費

開闢過多的戰場,或選擇平臺不準確,都有可能造成時間和成本的浪費,而「圈地行銷」則是直接針對目標人群進行行銷,這種模式減少了宣傳的盲目性,節省了行銷資源。

優點三,「圈地」的獨特性更強,避免競爭對手效仿

在「選地」行銷中,由於競爭者眾多,企業的活動、宣傳容易被競爭者模仿,影響自身的行銷效果。「圈地」則是只和其固定範圍內的消費者進行互動,競爭者即便想要效仿,也得不到該企業的客戶群。

有優點就有缺點,「圈地行銷」最容易造成的就是過度行銷。如果某網路平臺是一家獨大,該企業就有可能對行銷的隱蔽性、親和性等視而不見,進而使宣傳方式過於簡單,銷售方式直接而粗暴。時間一長就會讓越來越多的使用者感到厭惡,微行銷的效果也就大打折扣了。

無論企業是採用「選地」還是「圈地」,要注意規避其缺陷,充分發揚其優點,才能讓企業立於不敗之地。

「圍觀」的藝術

圍觀,是一個很有意思的社會學現象。魯迅先生筆下就寫過,圍觀是中國人的劣根性之一,有熱鬧就紛紛湊過去看,哪怕事不關己也樂此不疲。

第三部分　微行銷的競爭戰略

　　但是把這一現象放到現代就不一定是壞事了，甚至有可能是非常棒的好事，尤其是在行銷界內。

　　在傳統的行銷模式中，企業花費大筆金錢宣傳，無非就是想要吸引消費者來圍觀，因為在商家腦中浮現的是：只有引來足夠的人氣，才能讓產品賣得更好。畢竟，一旦某產品受到的關注度高，即便是持續漲價也會有人絡繹不絕購買；反之，沒有什麼人關注的產品，就算是物美價廉，也沒有多少人會帶頭購買。

　　圍觀這一現象在國外也很常見，國外的經濟學家甚至為「行銷圍觀」下了具體的定義。行銷圍觀指企業在宣傳產品及其附加的促銷活動時，能夠引來第一時間關注者的注意或者購買，就能夠使更多的顧客想要了解該產品的詳細資訊，進而引發購買欲。這種行銷圍觀的擴散往往是裂變式的，人數會隨著關注人數的上升而持續增加。

　　在行銷圍觀的定義下，還引申出了網路行銷圍觀，也就是網路圍觀現象，只不過在這裡，閱聽人從普通的消費者變成了網際網路使用者，商家的行銷平臺也從現實搬到了虛擬的網路平臺上。這一現象，也成了企業行銷所使用的主要方式之一。

　　綜上所述，也就不難理解何以許多知名企業與企業家將圍觀視為一種行銷藝術。

第 5 章　選擇合適的戰場

網路圍觀的形成有幾個必備要素,缺一不可:

要素一,企業提供的產品、服務本身要禁得起考驗

這是圍觀行銷的前提條件,如果產品的品質不過關,哪怕宣傳投入再大,噱頭再足,也無法真正吸引消費者。例如,某牙刷企業做網路促銷,宣稱大降價,贈送超多禮物,舉辦抽獎活動,雖然前期會引來一些消費者購買,但是使用後發現牙刷並不好用,做工粗糙、掉毛等一系列不良回饋累積起來,再來購買該產品的消費者便少之又少。

要素二,舉辦具有獨特性的活動

商家若只在網路上做最普通的宣傳促銷,投入少則極難引起關注。要做就把活動做大,做不大就要做到新奇。

「雙十一」購物狂歡節是淘寶的經典促銷活動,據淘寶發表的資料,2013 年 11 月 11 日,「雙十一」的第一分鐘裡,天貓湧入 1370 萬人,200 萬人登入手機淘寶,成交額達 1.16 億元人民幣,僅用 45 分鐘就超過 55 億元人民幣,首小時營業額達 67.5 億元人民幣,平均每分鐘成交額超過 1 億元人民幣。凌晨 33 分,小米官方旗艦店銷售超過億元人民幣,成為首個破億元人民幣的商家,而淘寶理財分會場一分鐘成交額破千萬元人民幣。這種形式獨特的活動,近幾年已經演變成網友們普遍接受的節日促銷。

要素三，必須要有率先消費的群體

依舊以淘寶為例，很多細心的商家會發現，在淘寶上，同一商品按照銷售量排序後，總是出現兩個極端，一個銷售量大的商家，往往單品銷量成千上萬；而銷售量少的，可能一件商品都沒有賣出去。產品都是一樣的，價格相差也不大，為什麼會出現這種情況？在於有沒有出現「率先消費者」！唯有看到某商家曾經賣出相當數量的產品，並且有正面評價，其他消費者才會放心購買。然而對於率先消費族群是可操控的，這也是為什麼如今「刷五星評價」行業屢禁不止的重要原因。

這三大要素並不是圍觀行銷的全部要素，卻是最重要的三點，只有具備這三點，商家才可能看到理想中的圍觀效果。

WeChat力 VS 威信力

如今，很多商家把目光集中在網際網路行銷上，WeChat就是其中之一，為什麼那麼多人青睞於它呢？就是因為WeChat可以帶來你想像不到的威信力。不少人認為，WeChat可以幫助他們打廣告，造成了良好的宣傳效果；別人花錢宣傳商品，而WeChat行銷只需要花些流量就可以了。不僅可以把WeChat當作電子刊物，還可以作為一個官方帳號，與

很多人互動,推播使用者精選內容,讓客戶隨時獲取最新訊息,等等。這些都是傳統廣告無法取代的。

為什麼要選擇 WeChat 行銷呢?

WeChat 是中國使用人數最多的網際網路應用程式之一,它可以被客戶端下載到手機中,普及率非常高。在中國,使用手機的人遠遠超過用電腦的人,這就是 WeChat 的最大優勢之一。有人預測,2014 年,WeChat 的使用者數量將突破 10 億,其中絕大部分是年輕人,他們幾乎是消費的主力軍,越來越多的商家選擇 WeChat 行銷,是當代經濟發展趨勢之必然,WeChat 行銷的優勢如表 2 所示:

表 2 WeChat 行銷的優勢

優勢一	在 WeChat 平臺中,品牌訊息可以一對一地發送給用戶,產生「尊榮感」,這是大眾媒體無法達到的「境界」。
優勢二	訊息量大,非常精準,實現百分之百推送,用戶會主動觀看。
優勢三	介面純淨度高,不像其他介面跳出很多垃圾訊息;WeChat 提供的訊息,基本上是用戶所需要的,不會產生不適感。
優勢四	張貼訊息和發起活動十分簡單,不需要花費任何費用。
優勢五	多媒體經營順應時代,新潮新穎。
優勢六	結合地理位置定位,WeChat 行銷可以玩出許多花樣。
優勢七	WeChat 行銷讓品牌商擁有更明確的目標,與用戶積極互動。

可見,WeChat 行銷有其他行銷方式所沒有的功能,在當今環境下,十分受歡迎,正因使用的人很多,因而具備威信力。

行動網路不僅改變生活

在微行銷的發展中,最重要的載體並不是電腦,而是當今幾乎人手一部的網際網路手機。

網際網路手機可以說是網路平臺進化的產物。隨著科技的發展,人們對手機功能的要求再也不是簡單地撥打電話、發簡訊,還要透過這小小的手機進行網路連線,看新聞、發表評論、社群交流等。

而商家的眼界顯然不止於此。行動手機網路的出現,不僅極大地改變了人們的生活方式,對網路行銷來說更是一次可遇不可求的變革。隨著 Android 智慧系統的普及,並且效仿 iTunes 建立起 Android 軟體市場後,商家們發現,手機軟體並不只是包含遊戲、天氣預報等,社群平臺何嘗不能如此?

由此,行動網路逐漸受到重視,各大網路平臺也將其戰場開拓到手機上。

看似小巧玲瓏的手機,也因此具備了不亞於電腦的強大功能,只要能連上網路,就能發表評論和發表動態訊息,就能做行銷,這一點與網路平臺行銷是一樣的。

行動網路之所以受到重視,因為它具有傳統電腦不具備的便利條件:

便利條件一，行動手機網路不受時間和空間的限制

網路行銷的最終目的和傳統行銷一樣，就是搶市場占有率。人們利用行動手機網路，能夠隨時隨地了解網路動態，打破了時間和空間的限制，從容地進行訊息交換。商家利用這一點，使得行銷脫離了時空限制，讓交易隨時隨地進行。目前大多數知名平臺都已實現了行動線上支付業務。

便利條件二，行動網路具有多樣性

現在的手機都有拍照、撰寫社群文章的功能，不同的是，且能夠輕鬆傳輸多種媒體的訊息——文字、聲音、影像等都可以透過手機輕輕地按鍵完成傳輸，比起電腦操作來說更為便利。這對行銷人員來說更是如魚得水，行銷人員可以利用這些便利條件，更輕鬆地實現行銷訊息的互動和流通，操作簡便，形式多樣。

便利條件三，行動媒體的獨立互動性

網路平臺行銷要展示商品的相關訊息，提供影像和其他客戶的評價等。客戶往往會根據這些訊息決定是否購買商品，這就需要互動與雙向溝通的設計，商家要耐心展示商品的細節供使用者參考。簡單來說，就像是在現實中購物一樣，貨比三家，同時還要進行購買回饋。與電腦使用者不同的是，手機使用者作為一個獨立的個體，商家必須重視每一個個體的想法，進行產品測試，調查消費者的回饋意見並加以改進。

便利條件四,行動網路的成長性是無與倫比的

電腦網路平臺的使用者數量逐年快速成長,但依舊無法與手機網路使用者的成長相比。平均而言,每個家庭至少會有一臺電腦,但是一個三口之家往往會有超過兩支的行動手機,從電腦和手機的價格比來看,購買手機的使用者無疑比買電腦的使用者多得多。同時,行動手機網路的使用者大部分是有購買力的年輕人,有著不可忽視的市場影響力,也因此該市場不斷被拓寬,成長迅速。

便利條件五,行動網路訊息超前並且訊息傳播高效

並不是每個人都隨時與電腦親密接觸,但絕大多數人卻是手機不離手,很多消息都是第一時間透過手機網路或者簡訊獲知的。行動網路正因傳播訊息的速度總是領先於電腦終端,商家可以透過簡訊群發、行動網路平臺宣傳等形式,進行最新最快的行銷。與此同時,行動手機網路具有高效性,每個手機使用者雖然是個體,但他們都有著屬於自己的人際關係,在商家眼裡也就變成一個個行動的銷售網路。商家一旦通知某使用者最新的活動訊息,那麼該使用者就很有可能將該訊息傳遞給其他對該產品感興趣的使用者。自然而然,行銷訊息就被高效傳播了。

因此,我們可以說:行動網路平臺改變的不僅是人們的生活,還是網路平臺行銷的大幅度革新,更是微行銷成長發展的重要基礎。

深不可測的電子商務

或許商家有決心進軍微行銷,也有信心學習和掌握微行銷的特點和規律,但是他們將會遇到繼社群媒體、網路平臺之後的另一個難題,即電子商務。

目前的電子商務對商家甚至普通網路用戶來說,並非遙不可及的,也沒有想像中晦澀難懂。電子商務伴隨著網際網路而生,無處不在。現今很多大學都開設了電子商務專業和電子商務課程,專門培養該類型人才。

電子商務是指透過使用網際網路等工具進行的商務活動,這些工具有電視、電話、傳真、電腦、電腦網路和行動網路等,其中最主要的就是電腦網路和行動網路,它們是網路行銷和微行銷的最主要媒介。

電子商務的範圍很廣,它是全球化的商務貿易活動,可以小到一座城市,也可大到覆蓋全球。

電子商務的運作流程也不複雜,最主要的運作方式就是使用電子工具進行商業活動,也被稱作電子行銷。電子商務與網際網路等電子工具是密不可分的,後者是前者的重要媒介和基礎。商家可以利用電子商務,在公司內部分享商業訊息,也可以在客戶和合作夥伴之間建立起行銷網路。可以說,電子商務就是運用數位數據技術,對企業的各項活動進行資訊數位化、資訊傳遞化的整體流程。

第三部分　微行銷的競爭戰略

　　電子商務的核心就是共享資訊和網路行銷。企業只要做好這兩個關鍵，就不難實現電子商務系統的建立。了解了電子商務的構成，它對廣大商家將不再如此「難解」。

　　電子商務也是商業活動的一種，以商業活動為主體。而網際網路技術，則成為了電子商務在新時代生存和發展的基礎。電子商務的方式，就是訊息數位化和商務電子化。

　　而網際網路電子商務的組成，就是以網際網路為基礎的，第三方電子商務平臺、平臺管理者和平臺內經營者所共同構成。

　　第三方電子商務平臺與之前所說的網路行銷平臺差別不大，指一些社群媒體網路平臺，即網站。它是電子商務一切活動的戰場。值得注意的是，企業在選擇電子商務平臺的時候，必須要注意該平臺是否活躍，是否得到經營許可，是否有營運執照等，必須要保證網站的正規營運。

　　平臺管理者也就是網站的經營者，應先得到法律許可，方可創辦網站。如果企業想在網站建立起電子商務陣地，就必須要先得到該網站經營者的許可，並且由他們審核企業資格。在運用電子商務時，也要為相應的企業提供交易服務。

　　平臺內經營者就是站內經營者，簡單地說，就是各商家的駐站管理人員。這一人群是在電子商務交易平臺上管理雙方的交易、服務等活動的自然人、法人和其他組織。

了解了電子商務的特點，它將不再如此遙遠。電子商務在網際網路平臺上有很大的發展空間，商家必須掌握且加以利用，其四大特點如下：

特點一，電子商務是時代的產物

這是不可逆轉的趨勢，消費者越來越重視購物體驗和個性化購物方式，透過電子商務能夠全方位地滿足消費者的需求。

特點二，電子商務為交易雙方提供廣闊的交易環境

在電子商務運作中，使用者不再受時間和空間的限制，消費者可以隨時隨地在網路上進行交易，這也是印證電子商務是網路行銷重要發展的證據之一。

特點三，電子商務市場無比廣闊

電子商務涵蓋全球，利用網際網路這一利器，商家就能對全球的消費者展開行銷，擴大客戶範圍，無限放大市場。

特點四，電子商務使得交易變得簡單，降低成本

應運而生的電子商務，大大減少商品流通的各階段，免去了許多經銷商從中扣利的機會，也把商家的店面租金、員工費用、宣傳費用等降到最低，節省了大量開支，降低了商品流通和交易成本。

定位，從使用者群開始

企業無論是做傳統行銷還是網路平臺行銷，首先進行兩大定位——自身定位和使用者族群定位。

在過去，企業進行自身定位最重要，釐清自己生產什麼、提供什麼樣的服務，才能邁出發展的第一步。然而，在當今以市場為中心的環境背景下，則需要進行調整和轉變。相對來說，市場的需求才是首位，而市場的需求也就是客戶的需求——現在的企業不能想生產什麼就生產什麼，而是要主動迎合客戶族群的需求，什麼賣得好、什麼需求量大，才去生產什麼。

使用者族群的定位並不難理解，簡單來說，可以根據客戶的經濟狀況、從事的職業、學歷及教育程度、年齡層、婚配狀況等條件劃分，如表 3 所示：

表 3 使用者群的定位劃分

條件分類	解讀	舉例說明
經濟狀況	可以將客戶的收入從低到高劃分為不同的階層，進而使企業了解自己的產品適合哪一個階層的客戶，例如將客戶按照月收入劃分為 8,000 元以下、8,001 至 20,000 元、20,001 至 40,000 元、40,001 元以上四個層級	某高檔汽車品牌的定位客戶族群，應選擇第四個層級的客戶

條件分類	解讀	舉例說明
職業劃分	常見的職業包括辦公室白領、公職人員、獨資或合資經營者、教師、學生、自由業者等	某品牌學習機構定位客戶族群，學生族群無疑是最佳選擇
學歷階層	學歷及教育水準是影響客戶消費理念的重要因素，不同教育程度的客戶會購買產品的種類和頻率不同，且對商家的要求亦不盡相同	一般而言，國中以下學歷的客戶對產品或服務的要求著重品質，高學歷客戶則要求企業的產品附加價值高，並對交易環境等因素要求較高
年齡區間	不同年齡區間客戶的消費理念差異性極大，也就是所謂的「消費代溝」	一般而言，年紀較長的消費者喜歡將金錢用在購買養生保健產品上，也喜歡購買收藏可升值的商品；年輕消費者喜歡追求消費刺激，常購買消耗品、高價商品或虛擬商品

因此，產生了定位使用者族群的兩大原則 —— 主動性原則和精準性原則。

有些商家在做微行銷的時候，總認為消費者會自己主動找上門，微行銷精準定位的特點保證了客戶族群的來源。但不能忽視的是，同行業並不是只有一家企業，如果不主動出擊，有可能會眼睜睜地看著適合自己的客戶群被競爭對手搶走。

客戶群體的定位必須精準，不能出現絲毫差錯。不少商家在尋找客戶族群的時候，只針對網路平臺的選擇，卻不重

視對於具體人群的選擇。目標客戶族群定位模糊，標準定得過於高、大、全，這是一大禁忌。

綜合分類因素，才能建立起精準定位。例如，某廚具品牌要做網路行銷，在定位的時候不僅要考慮年齡層（25歲以下可以不用考慮），考慮客戶的婚配狀況（購買廚具的大多數是已婚人士），還要考慮客戶的職業（學生可以先行排除）等。

唯有遵循這兩大原則，客戶的定位才能盡可能地做到準確無誤，商家也才能在微行銷的市場上踏出堅實的第一步。

第 6 章　我們的使命是傳遞價值

企業為什麼要做微行銷？或者說，為什麼要做行銷？

有的商家說是為了賣產品或者賣服務；有的商家說是要樹立企業良好的形象；還有的商家說是要做好宣傳，至少要讓消費者知道有自己這個企業的存在。

這些說法都不全面。這也是為什麼很多企業在做傳統行銷乃至微行銷的時候，總是會陷入失誤，落入平庸。

想要真正了解行銷，做好行銷，就要從行銷的目的說起。

企業的最終目的是獲利，這一點是無論如何都不會改變的。也正是因為這點，我們可以將上述的這些目的都歸結為一點——實現企業的價值。

這個價值包括企業的產品價值、服務價值、品牌價值、員工價值、文化價值和形象價值等，也是企業想要獲利的綜合條件，只要這些價值能一一實現，企業想要獲得應有的收穫就不再是件難事。

而這些價值，都可以透過微行銷來實現。當企業在網路平臺上能夠完全把握經營的規律和方法，建立起一套完整的

經營系統，那麼就很容易在與網路使用者的互動中建立起企業的品牌價值，進而銷售產品，並且妥善對待消費者的售後回饋，幫助企業實現價值。

現在，對一些已經實現了其價值的企業來說，下一步更重要的事情則是傳播價值。價值的傳播有多種途徑，更有利於企業價值的長久持續，因而近年來被一些中高階企業所重視。

賓士公司老闆及 Twitter 董事長都曾在公開場合表示：我們的目標並不是賺錢，而是要實現企業價值，並且把這一價值理念傳遞給全世界。

傳播口碑，讓消費者為你做行銷

前文已經簡單介紹過行銷界的「圍觀效應」，這種圍觀效應傳遞的訊息理當是正面的，因此企業要樹立的品牌價值也應該是正面的。

我們在說企業價值的時候，談論最多的肯定是企業的聲譽，因為聲譽的好壞是一家企業綜合素質的展現。唯有企業產品品質好、宣傳效果好、客服效果好，才能共同建構良好的聲譽。

客戶的口碑就是聲譽的一種。簡單地說，口碑就是「口頭上的稱頌」。傳統意義上的口碑主要是褒義的，然而隨著行銷的發展，口碑逐漸成為一種雙向名詞。

第 6 章　我們的使命是傳遞價值

和聲響一樣，口碑也有好有壞

好口碑能夠很快地在消費者之間流傳，於親戚、朋友、同事等關係人群中散播，傳播速度快，具很大的影響力。壞口碑同樣傳播速度快，「好事不出門，壞事傳千里」，一旦企業之前建立起的良好口碑崩盤，將帶來「兵敗如山倒，樹倒猢猻散」的感受。

因此「口碑傳播」受到大多數商家重視，廣泛應用於行銷推廣中，尤其是在網際網路技術日益發達的今天，一旦口碑價值被大力開發，商家可以在幾乎不花費太大心思宣傳的情況下，便取得驚人的行銷效果。

所以，有人說，建立良好口碑，就等於是讓消費者為你做行銷。

想要在微行銷中建立起良好的口碑，就必須了解口碑的三大特徵：

特徵一，口碑由消費者創造，而不是由商家創造

無論商家內部結構、制度規範和運作流程等多麼完美，都不能作為其良好口碑的來源。更不必說商家在電視、報刊和網路等媒介上宣傳自己有多好，這些都不能作為讓消費者百分之百信任你的充分及必要條件。只有消費者紛紛豎起大拇指，對你的產品服務等表示肯定讚許，商家才是真正樹立起了口碑。

特徵二，口碑的形成來自共識而非個案

口碑要經得起考驗，絕大多數人說你好，才是真的好。例如，某手機生產商生產的一批機型電池耗電量大，消費者紛紛投訴、評論反應該問題，加之該生產商處理問題拖延、低效，導致消費者反感、抱怨，形成對該品牌的負面口碑。

特徵三，口碑總是傳頌於草根而不是高層

「眾口鑠金，積毀銷骨」。人數最多、數量最大的群體無疑是基層消費者，他們可能購買力不是很強，重複購買率也較低，但是每一名消費者都是與社群媒體串聯在一起的獨立個體，他們也都有發表意見、評論的權利，而這些基層消費者的評論匯聚起來，便成為輿論的走向。

商家想要建立良好的口碑，就必須掌握住這三點特徵，同時必須要注意建立口碑的幾個主要途徑：

途徑一，企業本身的主要產品、服務必須過關

企業所提供的產品和服務的品質永遠是第一位的，企業必須力保生產出品質優良的產品，才能引起消費者的最基本興趣，讓企業口碑朝著好的方向發展。

途徑二，適時舉辦推廣活動

在企業的行銷過程中，總是少不了各式各樣的推廣活動，微行銷更是如此，便利而廉價的網路宣傳平臺，就是最

好的媒介。商家可以辦的活動有優惠促銷、消費獎勵、以舊換新和新品宣傳等，這些無疑都能拉近企業與消費者的關係，對建立口碑有積極效用。

途徑三，商家必須建立良好的服務機制

做完宣傳和銷售工作並不代表行銷工作已完成，還要負擔起產品及服務的售後服務責任。很多消費者在選購同一款商品的時候，最重視的就是售後，如要購買一臺液晶電視，一家提供保固三年的服務，另外一家則不提供保固服務，作為消費者的你會購買哪家的電視？答案顯而易見。

唯有做好了上述幾點，企業才能為建立良好的口碑打下堅實的基礎。利用消費者的口碑做行銷，永遠是行銷方法中的上上之選。

傳播影響力，強勢不用多言

商家做微行銷之前，必須要釐清自己要傳播的是什麼。

企業想要傳播的無疑是企業的品牌價值、企業文化，進而加強其產品、服務的市場競爭力，提高市場占有率。而這些需要傳播的東西，歸結起來就是企業的影響力——影響力大，企業在同行業內的腰桿就挺得直，消費者購買率也高，市場占有率自然也就提高了。這樣影響巨大的企業只能用一個詞來形容，那就是「強勢」。

第三部分　微行銷的競爭戰略

要傳播影響力，就要知道什麼是傳播，傳播需要哪些必要條件和組成部分，怎樣才能傳播影響力。

行銷傳播，顧名思義就是指利用公共關係（傳統行銷模式及微行銷）和網路關係（特別指網路行銷和微行銷）建立市場的行銷方式。這當中的重點就是「關係」二字，因為客戶之間都有一定的直接或間接連繫，商家和客戶之間也存在連繫，商家和供應商、銷售商之間也存在內部連繫，建立好這些關係，就能構成行銷傳播的雛形。

商家可以利用行銷傳播這種公共關係方式，針對企業自身的產品或服務，進行市場調查、行銷策劃和傳播等商業行為。同時，傳播並不是單方面從企業角度出發，而是要為客戶提供諮詢意見，執行服務。如此才能夠有效提升企業的市場競爭力，進而取得更高的銷售利潤。

傳播的範圍非常廣，這一點從制定企業行銷策略的定位中就能夠看出。企業在進行市場定位的時候，就需要傳播的力量，在進行產品的研發和生產的時候，也必須透過傳播方式了解市場需求，企業在上市、宣傳、銷售和售後服務等階段，更是需要傳播全程參與。

傳播的組成包括傳播來源、傳播內容、傳播對象和傳播媒介四個部分：

第 6 章　我們的使命是傳遞價值

傳播行為來源自企業，也來自市場

企業可以根據市場調查，了解最新的市場動態，知道自己該生產什麼、提供什麼，進而將得到的訊息轉變為新的產品和新訊息再次傳播回市場，傳播給消費者。在處理傳播來源的過程中，企業的功能更像是傳播的中轉站和加工廠，必須注意傳播訊息內容來源的真實性、準確性以及時效性，避免錯誤傳播，以免造成負面影響。

傳播內容必須有價值

傳播內容是指企業傳播訊息的具體內容，根據傳播內容的不同，企業最終所獲得的影響也自然不同。在審核、策劃傳播內容時，除了內容要客觀真實之外，還必須具有一定的傳播價值，以免讓無效訊息造成資源浪費。例如，某企業在微行銷平臺雖沒有耗費什麼成本，但傳播無效、落後甚至垃圾訊息，直接造成關注者持續減少，導致企業的威信力下降。

傳播對象具有多樣性和互動性

傳播對象就是閱聽人，接受傳播訊息的人。在微行銷中，傳播對象就是企業社群平臺的粉絲、行動網路行銷的直接關係人群等。這些閱聽人不僅是訊息的接收者，也是訊息的進一步加工者，他們完全可以參與到傳播過程中。至於傳播影響是好還是壞，則要根據企業的傳播內容和方式，而決定影響的關鍵就是消費者的訊息回饋。

傳播媒介是多樣的

從傳統行銷中利用電視、報刊等媒體,到現代網路行銷中的網路平臺、行動手機網路平臺,這些都屬於傳播媒介,商家可以利用這些媒介傳播自己的產品訊息和經營理念等。值得一提的是,企業所提供的產品和服務品質,本身也是傳播媒介的一種,因為它們的品質好壞,能夠直接被消費者體會及分享。

傳播是由淺入深的發展過程,更是逐漸擴散影響力,被消費者接納的過程,商家必須重視傳播,才能讓企業的影響力持續擴散,在同行業競爭中保持強勢。

消費者因為「被在乎」而更願意主動參與

在微行銷的運作過程中,企業最希望得到的是高人氣和關注度,但是很多商家不管在網路平臺上多麼活躍,粉絲始終超不過 10,000 人,這是為什麼呢?關注是一個互動的過程,只有企業關注消費者、在乎消費者,才能被消費者所關注,進而樂於參與企業發起的活動,購買企業的產品。影響消費者做出選擇的有很多因素,企業必須要全方位「在乎」消費者:

在乎客戶的社會文化背景

網路行銷與傳統行銷最大的不同之一,就是傳播對象廣度的不同。企業在行銷的時候不能「一把抓」,因為不同的消費者對相同的行銷內容有著不同的看法和態度,企業的傳播

對他們的影響也不盡相同。

不同層次的消費者在思想觀念、道德、行為規範等方面都存在很大的差異，企業必須做到兼顧每位消費者的想法，在行銷的過程中必須考慮他們的教育程度、消費水平、年齡層和宗教信仰等因素，做好客戶分類。

相對實力較弱的企業，擔心自己照顧不周，則可以縮小自己的行銷範圍。做錯不如不做，以免為企業帶來負面影響。星巴克在這方面就做得很好，他們將旗下所有客戶分類，並且將自己的行銷目標也進行分類，針對不同客戶分類行銷，取得了非凡的效果。

在乎客戶的心理感受和消費能力

客戶的心理感受有兩方面。一方面，購買力強的消費者會對某些高價消耗品產生興趣，這是消費自信的表現；購買力較低的消費者會產生消費自卑，對商品精打細算、貨比三家。對這種情況，商家要區別對待，不能只照顧購買力強的人群，而是更應該注重基層消費者的看法，如此才能做到市場占有率的全面提升。另一方面，國內消費者易受傳統購買觀念的束縛，如「買漲不買跌」、「花錢不如存錢」等，商家不僅要利用這一心理開發新活動，還要耐心引導消費者，讓他們對企業的價值放心，願意實際購買。

在乎企業的售後服務

在做微行銷的時候，有如此便利的網路可以利用，提供售後服務並非難事。安排員工守候在企業後臺，專門為消費者解答問題，排憂解難，很容易博得消費者的好感。有時候即使解決不了問題，但是商家的熱心和努力都能讓消費者留下好印象。

互動有助於推廣和維護顧客關係

在微行銷的平臺上，最讓商家頭疼的，就是在許多步驟上都要分派人手，分別負責企業在網路平臺上的宣傳、社群發文、售前諮詢、疑難解答、產品銷售和售後服務等細節，讓企業大呼為難。

這與微行銷的節約原則是相悖的。微行銷節約的不只是現金，更是人力成本。感到壓力大的企業是未能將微行銷產業鏈整合到位，才會出現這樣的情況。

企業的行銷可以分為前期推廣、中期銷售和後期維護三大部分，本節重點介紹的就是這一前一後兩大階段。

前期推廣就是行銷準備，是企業為自己的產品銷售做鋪陳。例如，社群行銷前期推廣包括建立企業帳號、社群發文、宣傳活動、介紹產品及服務等階段。某企業在新浪微博釋出消息，介紹企業最新產品，同時宣傳購買優惠活動，有

第 6 章　我們的使命是傳遞價值

興趣的使用者會透過直接評論、私訊留言或者轉發等諮詢，這就需要企業設立專業人員針對這些問題加以解答，解除消費者的後顧之憂後，才有可能形成購買。

後期維護包括企業帳號維護、訊息修改、統計產品及服務回饋、售後服務和總結改進等步驟。在後期維護的過程中，最重要的是要耐心地收集統計消費者的回饋意見，找到自身產品和服務的不足之處，並加以改進。這就要求商家必須注重售後服務，安排員工與消費者接觸，即時了解他們的回饋，積極主動地解決問題，該維修的維修，該退換的退換，讓消費者滿意，這樣才能讓企業在下一階段的行銷中占據優勢。

綜上所述，如何整合這兩大階段，節約企業的人力成本，才是商家亟須學習的。前期推廣和後期維護這兩者共通點有很多，最重要的就是二者都是互動式行銷。

互動式行銷在微行銷中是最常見的行銷方式，甚至可以說每個步驟都少不了互動的存在：企業發表社群文案，消費者可以看到並發表評論，消費者的諮詢和回饋也是互動的一種。企業透過互動，贏得消費者的信任和好感，進而願意購買產品。

互動的優點有很多，這也是商家不得不重視的原因。首先，互動有利於宣傳企業的品牌價值、文化理念和產品訊

息，能讓客戶對其產生進一步了解。其次，互動的過程中，信任感在無形之中建立起來，有了信任感才有可能購買。最後，就是互動能夠成為雙方溝通的橋梁，有了溝通，親切感便會油然而生。

商家該如何與消費者互動呢？

第一，商家要理解網路平臺並不是企業的內網，而是面向廣大網路用戶

很多商家都把企業的社群帳號當作內部發送訊息的工具，但是他們沒有意識到，公司的員工能看到，廣大網路使用者也能看到。互動不僅僅是方便自己使用，而是要為消費者服務，商家必須透過這些網路平臺為消費者解決實際的問題。

第二，安排人員線上輪班，解決售前諮詢和售後服務

像騰訊這些網路平臺，在每個地區的員工只有十幾到幾十人不等，企業不必專設人員，而是安排熟悉相關業務的員工輪班上線，隨時為消費者解答，既節省人力資源，也不會耽誤在第一時間與消費者進行互動。

第三，不敷衍，為消費者即時解決實際問題

為什麼有些商家無法讓消費者滿意呢？因為他們總是用各種理由敷衍，一旦談及退款之類的實際問題時便採用避而

第 6 章　我們的使命是傳遞價值

不談的策略,這樣的商家又怎麼能與消費者進行有效互動呢?所以,企業必須關注消費者提出的實際問題,並且詳細解答,才能博得好感,進而提高回購率,同時達成推廣和維護顧客關係。

第三部分　微行銷的競爭戰略

第四部分
社群媒體行銷：短文案的力量

第四部分　社群媒體行銷：短文案的力量

第 7 章　社群媒體中的商業機遇

微行銷的本質並非將原有的行銷理念全部拋棄，而是將其進一步改進和昇華。微行銷最大的優點就是以最小的代價，達到最理想的行銷效果。做得好的商家透過微行銷的平臺，能夠盡可能地少花錢甚至不花錢，就將宣傳和銷售的效果做到最大化。

在社群媒體上，一條短短的文案，就能無形間拉近與受眾（即潛在客戶）的距離，既能夠向廣大客戶展示企業形象、最新動態和產品訊息，也能樹立起企業的良好形象，初步建立商家的信譽度──這麼多優點而幾乎沒有成本，各位商家們，何樂而不為呢？

從 Facebook 說起

Facebook 是一個國際化的社群網路服務網站，於 2004 年 2 月 4 日上線。它在成立之初僅是哈佛大學內部使用的一個校園社群網路，發展至今卻成為了世界上最大的社群網路平臺。同時，Facebook 是美國排名第一的照片分享平臺，每天平均上傳的照片高達 850 萬張。隨著使用者數量的增加，Facebook 的涵蓋領域不斷拓展──網際網路搜尋、線上支

第 7 章　社群媒體中的商業機遇

付和證券業等,都有其活躍的身影。

作為世界上最大的社群網路,Facebook 的發展可以用「神速」來形容:從 2004 年創辦以來,僅僅用了數年時間,就成為擁有超過十億活躍使用者的超級網路平臺。

這在我們看來是不可思議的,即便是其創始人馬克‧祖克柏(Mark Zuckerberg)多麼天賦異稟,也不可能將 Facebook 經營到如此規模。

Facebook 能夠快速發展,自然有著它的優勢:

優勢一,Facebook 的首創功能

在 Facebook 的眾多功能當中,最引人矚目的是其中幾項社群功能,最新奇有趣、也是溝通效果最好的功能之一,就是「戳一下(Poke)」功能。

Facebook 提供的「戳一下(Poke)」功能,讓使用者可以隨時「戳一下(Poke)」別人。Facebook 在常見問題中的相關解釋道:「Poke 是你和朋友互動的一種方式。在設計這個功能時,我們認為提供這樣一個沒有明確目的的功能,其實是挺酷的。使用者們對 Poke 有各自不同的解釋,我們也鼓勵你提出屬於你自己的解釋。」而設計這個功能的目的,實際上是一個讓使用者引起其他使用者注意的方式,類似常見的「@」功能。

這一首創無疑讓溝通更加便利,畢竟不是每個人都時刻

第四部分　社群媒體行銷：短文案的力量

守在電腦前,也不會隨時掏出手機上網看訊息,此一功能無疑縮短了訊息傳達的時間和空間限制。

對商家來說,行銷也因而更便利。雖然企業無法將使用者一一圈出,但是他們可以透過圈出少數使用者——那些關係網較廣、亟需接受該訊息的使用者——造成擴散式傳播的效果。

優勢二,Facebook 的狀態公開功能

狀態公開,讓使用者向他的朋友和 Facebook 社群展示他在哪裡、做什麼。「某人在某地(某街區的某餐廳等)正在做什麼」,Facebook 讓使用者填入這類狀態,讓親朋好友能夠隨時注意到他的動態。

商家可以利用這一點,將行銷的隱蔽性效果最佳化——這種置入性行銷,最容易為消費者所接受。以某明星在某餐廳用餐為例,透過發布這一消息,該明星的廣大粉絲在社群動態列表中看見,進而產生「我也想去試試」的想法。

這些年來,Facebook 透過社群的使用者和廣告商(也就是做微行銷的企業),建立起了強大的品牌效應,對廣大網路用戶的生活和線上消費產生了龐大的影響力,也在企業的網路行銷中掀起熱潮。

第 7 章　社群媒體中的商業機遇

滿足大眾「言論自由」的關鍵需求

微行銷的魅力所在，就是提供廣大消費者可以表達自己觀點的平臺，這對於商家和網路使用者來說，的確是一個好消息。

對商家來說，他們可以透過使用者的回饋和諮商，了解當前市場的需求，自己該生產什麼樣的商品。例如，為了能夠從競爭激烈的童裝業殺出一條差異化道路，服裝公司可以透過與使用者的溝通，了解消費者需要什麼類型的童裝，並據此設定明確的年度或季度經營目標。

對網路使用者而言，這種可以發表看法的權利，讓他們盡情地在網上尋找自己喜愛的商家 —— 能滿足需求的，就是好商家。消費者還能透過自己的評價與溝通，與商家交流，從中獲得滿足。

這就是網路言論自由。網路平臺的建立，則是言論自由的最好載體，而網路同樣作為微行銷的載體，足見微行銷和言論自由二者關係之密切。

言論自由在微行銷的展現可以分為兩大部分，即評論自由和宣傳自由：

第一部分，評論自由

評論自由指的是網際網路使用者擁有對企業的產品、服務、品牌、文化、制度和行銷等各方面進行評價的權利。使

用者透過評價商家，與商家進一步交流，進而獲取更詳細的企業資訊和產品訊息，並根據這些資訊做出最客觀的評價。同時，這種評價不僅出現在售前諮詢中，還展現在售後回饋中，售後的消費者回饋對企業來說非常重要，也是消費者言論自由的另一種展現，因為絕大部分消費者會相對公正地回饋產品的真實資訊。

第二部分，宣傳自由

宣傳自由是言論自由的另一種展現。消費者享有為企業正面宣傳的權利，也有傳達負面宣傳的權利。至於是「正」還是「負」，就要看企業提供的產品品質、售後服務等是否能夠得到消費者的認可。對於滿意的消費體驗，消費者不會吝惜自己的宣傳能力，他們會向親朋好友介紹這次成功的經歷，宣傳該企業及其產品，無形中達成企業想要的行銷宣傳效果。

由此可見，言論自由對網際網路使用者來說是多麼重要，企業在行銷時應當注意滿足網路用戶的這一點重要需求。

企業在做微行銷的時候必須注意雙向交流——粉絲願意看企業發布的消息，企業也要允許粉絲對自己評價。在淘寶網上，有的消費者認為買到的商品與網路提供的資訊不符，就會給商家負評，這時候商家急了，又是打電話又是傳簡

訊，請求消費者修改評價，這就是沒有妥善處理售前服務的表現。

因此，商家在行銷之前，必須與消費者進行有效溝通，最重要的是要保證商品品質，才能讓消費者的「言論自由權」向企業有利的方向發展。

集萬千寵愛於一身

社群媒體行銷作為微行銷的中流砥柱，具超高人氣，我們時常可以在某名人的社群媒體中看見社群行銷的影子，各大企業也都紛紛建立起自己的官方社群帳號⋯⋯社群媒體到底有哪些地方吸引商家呢？

社群媒體行銷是指透過社群媒體平臺為商家或個人創造價值的一種行銷方式，注重價值的傳遞和內容的互動，也正因這兩點的存在，才使得社群媒體發展熱絡，並且行銷效果顯著。

社群媒體行銷如此流行，不管是企業還是消費者，都逐漸愛上了這種行銷、購買方式，甚至可以說是「集萬千寵愛於一身」，自然有其形成和發展的原因：

原因一，社群媒體行銷以人為本

以客戶為中心的理論在哪裡都是正確的，尤其是放到客戶群無比龐大的網路平臺上。社群媒體行銷屬於主動式服務

行銷，非常看重對客戶的服務。社群媒體行銷的人本理念，也使其朝著人性化和精準化的方向發展。

原因二，社群媒體行銷注重互動和情感的建立

企業可以與消費者進行互動，並逐步建立情感關係。這種關係看似薄弱，但在很多時候往往是促成購買行為的關鍵所在。貼心的互動，可以讓消費者有更好的消費體驗，形成滿意的消費經歷，這種滿意的消費回饋，能進一步確立企業的品牌價值。

這是客戶如此青睞社群媒體行銷的主要原因，而企業之所以那麼熱衷做社群媒體行銷，也正是因為它能為企業帶來無法抗拒的優點：

優點一，社群媒體行銷有利於建立品牌和價值的傳播

無論是企業建立官方帳號還是邀請名人為其代言宣傳，都能夠促使企業知名度上升，如果傳遞的價值是正面的，能不斷加強企業品牌價值。

優點二，能夠樹立行業影響力和號召力

企業的影響力是透過價值傳播建立起來的，而社群媒體行銷是價值傳播最有效的方式之一，傳播企業的正面消息，傳播企業的價值觀給廣大消費者，能引導行業良性發展。

優點三,有利於產品的市場推廣

社群媒體行銷面對全球網際網路使用者,範圍之廣堪稱所有行銷方式之冠。企業可以透過這一平臺,詳細介紹產品資訊,展現自身優勢,這本身就是一種最好的市場推廣方式,提高市場占有率也就不再如此困難。

優點四,社群媒體行銷是一種精準的互動行銷

社群媒體行銷能夠讓客戶自己找上門來,如追蹤星巴克咖啡的粉絲,必然是其消費者和潛在客戶。這樣一來,客戶群體的定位將無比精準,有助於將潛在客戶成功轉化成消費者。

優點五,社群媒體行銷是一種主動客服

在傳統行銷中,企業只是盲目地在做銷售和宣傳,不少業務員提供的服務是資源的浪費。而社群媒體行銷則不同,通常會向企業客服諮詢產品訊息的,有很大機率成為真實消費者,所以社群媒體行銷服務的是真實有效的客戶,大幅度減少了人力資源的浪費。

優點六,社群媒體行銷能夠確保危機公關處理

在社群媒體行銷中,企業的官方帳號通常都有專門人員隨時線上維護,這也就實現了企業的口碑即時監測。

擁有如此眾多的優點,社群媒體行銷怎麼能不炙手可熱?

第四部分　社群媒體行銷：短文案的力量

微博與阿里巴巴的「聯姻」

既然社群媒體行銷有著如此多的優點，那麼，作為網際網路時代的熱門行業——電子商務，就不可能不利用社群媒體為自己行銷。

2013年4月29日，新浪微博作為中國最大的社群平臺，宣布與阿里巴巴「聯姻」：「阿里巴巴以5.86億美元的價格購入新浪微博18%的股份，雙方還將在使用者帳號互通、資料交換、線上支付和網路行銷等領域進行深入合作；以此計算，新浪微博估值為32.56億美元。」

阿里巴巴付出如此大的代價與微博合作，原因究竟何在？

原因一，阿里巴巴的流量入口危機

阿里巴巴是中國最大的電子商務企業，其盈利主要源於自己的「大淘寶」系統，也就是透過天貓與淘寶這兩大電子商務平臺，販售導購廣告的流量。但隨著中國電子商務行業的蓬勃發展，亞馬遜等電子商務企業正在擠占阿里巴巴的市場占有率，再加上其他實體企業進軍電子商務行業，阿里巴巴的導購廣告流量正在被逐漸分流。

與此同時，各種社群導購網站也層出不窮，電子商務企業的消費者主要是女性消費者，而美麗說、蘑菇街等網站正是針對女性消費者的社群導購網站，在騰訊收購了美麗說，而蘑菇街也無意融資的情況下，阿里巴巴正面臨著流量入口的危機！

第 7 章　社群媒體中的商業機遇

在這種情形下,阿里巴巴如何才能保住自己的市場龍頭地位,抓住消費者的心?毫無疑問的是,「目前阿里巴巴亟需一個社群媒體採購平臺」。

阿里巴巴集團董事長馬雲也明確表示:「此次策略合作,我們相信微博將更微博,社群媒體的生命力將更健康、更活躍,傳遞的正能量更多。我們也相信,兩大平臺的結合,不僅有助於我們在行動網路的布局和發展,而且會給微博使用者帶去更多獨特、健康、持久的服務。我們有理由期待更多的驚喜。」

原因二,新浪微博的貨幣化危機

其實,阿里巴巴收購新浪微博的消息,早在 2012 年底就已經傳出。根據各種消息顯示,阿里巴巴的股權投資部最早接觸新浪微博,隨後,其策略投資部才介入調查。阿里巴巴對於此次合作如此謹慎,自然是考慮到這次投資的盈利性,和對阿里巴巴策略布局的助力。

新浪本身的股權結構十分分散,根據公開數據顯示,新浪微博已經從新浪中分拆出去,分屬於北京微夢創科網路技術有限公司和註冊於開曼群島的 T.CN Corporation。

新浪微博作為一個社群平臺,必然具備公眾性和媒體性這兩個屬性。而在這樣的前提之下,新浪微博就無法引入過多的廣告,避免影響其公信力和使用者黏著度。因此,新浪

第四部分　社群媒體行銷：短文案的力量

微博如今面臨的最大危機就是貨幣化，也就是將網站流量變現的能力。

原因三，阿里巴巴與微博合作是雙贏

在網際網路時代，企業的行銷變得更加容易，企業之間的行銷之戰也變得更加激烈！在價格戰、事件行銷和定位戰等競爭方式相繼出現之後，各大網際網路企業紛紛發現，社群才是網際網路時代行銷之戰的致勝法寶。

社群電商的概念也因此被提出，以微博為代表的社群網站有著極強的使用者黏著性，而電子商務企業則有著極強的變現能力。二者的合作可以說是「天作之合」！「刷微博」已經成為時下最流行的休閒方式，而作為中國最大的社群網站，新浪微博卻有著自己的危機，當社群媒體已經成為各大企業行銷之戰的主戰場時，微博卻是「只賺人氣不賺銀子」。而阿里巴巴正是看中了微博的龐大使用者數量和媒體屬性，希望將之作為解決流量入口危機的王牌！

在這種情況下，若只是單純入股自然是無法實現阿里巴巴的目的。畢竟，微博的盈利水準與阿里巴巴相差甚遠，因此，在這次合作中，最重要的就是「雙方還將在使用者帳號互通、資料交換、線上支付和網路行銷等領域進行深入合作」！有了微博龐大流量的資料庫，不僅是天貓和淘寶，阿里巴巴旗下的業務部門都將再更上一層樓。

第 7 章　社群媒體中的商業機遇

對新浪微博而言，阿里巴巴的入股可以解決其貨幣化的難題，實現自身龐大流量和數據的變現；而對阿里巴巴來說，新浪微博作為淘寶流量的第四大來源，加強對新浪微博的控制能力，就能有效吸引更多的流量，進而贏得社群電商之爭的勝利。

在這樣的合作之中，阿里巴巴與新浪微博必將實現雙贏的未來。

明星效應引發關注度

很多人只知道現實生活中有明星效應的存在，卻不知道明星效應其實無處不在。

明星在電視上的一個簡單的動作、一句簡短的話，都有可能引發無數人的追捧、跟風和效仿。而在現今熱絡的社群媒體上，明星效應更是被演繹到了極致。

據新浪微博風雲排行榜統計，截至 2014 年 4 月，排名第一的陳坤，其粉絲達 7,200 多萬人，位居人氣首位，一舉一動都受到粉絲關注。「微博女王姚晨」的新浪微博粉絲量高達 6,600 多萬人；趙薇在微博隨時公開自己的行程，發表美食等，每一則都有數千，甚至上萬人回覆；伊能靜的愛心微博甚至比很多慈善機構的號召力都要巨大……

這些明星效應所引發的關注度無疑是極為驚人的。行銷

者在驚訝於明星的這種「社群力量」的同時，也要敏銳地發現其中所蘊含的巨大商機。想要讓企業真正與潮流接軌，步入社群媒體行銷的行列，就要從以下三個方面著手：

方面一，要了解什麼是社群媒體行銷的明星效應

隨著社群媒體的熱絡發展，很多「社群名人」參與行銷，他們可以透過短短幾行字的發文，從正面或側面對商家進行褒貶，對商家的形象價值、產品價值等產生影響，行銷效果顯著。透過知名的社群媒體平臺、知名社群人物，為商家創造價值的一種新型行銷方式就是明星效應。這種價值，有助於銷售產品和服務，幫助企業改進行銷模式，甚至提高企業的知名度。

方面二，要清楚社群媒體行銷最注重的就是價值的傳遞

並不是說找了明星發文、做廣告就可以了，商家自己也應該全程參與這種價值傳遞。在社群媒體平臺上，商家可以透過內容的互動，準確定位企業的消費對象。社群媒體行銷最重要的就是要釐清自身所要實現的價值目標。只有找對了方向，行銷過程中才不易出現偏離。

方面三，實現價值的方式同樣重要

社群媒體行銷的途徑很多，利用明星效應只是其一。其中，商家要注意某明星的有效粉絲數量、經常發表什麼類型

第 7 章　社群媒體中的商業機遇

的話題、通常使用哪些社群媒體等因素，綜合這些，才能選擇適合自己的明星為企業「代言」。

許多娛樂明星經常在自己的社群媒體中記錄生活瑣事、自己買到的寶貝等，有時候也會介紹一些飯店和購物場所。這些話題雖然都摻雜一些個人情感，依然引起粉絲的好奇、追捧以及討論。有的粉絲表示，自己偶像用的所有東西，自己都會去試用；而有的粉絲則持相反態度，認為這完全是置入性行銷，不僅商家可惡，明星個人也應該受到批評。當然，明星們都會站出來否認參與行銷，發表的訊息都是自己的真實生活，甚至會要求詆毀詆毀者負法律責任。

明星參與企業的行銷，不僅成本低，而且傳播速度快，操作簡單，互動性強，能夠在短時間內為企業獲取較高的知名度和企業價值；但相應地，如果企業在使用明星效應時操作不當，也會導致無法挽回的後果。

若某一明星的社群媒體明顯是為了某商家打廣告，次數多了，不但會引起粉絲的反感，還會為宣傳造成反效果，粉絲不僅不會成為消費者，甚至還會站在企業的對立面，無論對明星本人還是對企業來說，都不是他們所樂見的。

利用明星效應來引發關注，確實是一個好辦法，但是也應當注意隱蔽性和適度性。

商家可以把自己的產品和服務，與明星的生活連結，內

101

容要盡可能做到生動活潑，貼近明星性格，比較容易被粉絲接受。

總而言之，能夠巧妙地利用明星效應引發關注度，對商家來說，帶給企業的推進力是無與倫比的。

《爸爸去哪兒》名人人氣爆棚

如果說到 2013 年中國最熱門的綜藝節目，毫無疑問地會聯想到《爸爸去哪兒》，這個每週五晚上 10 點準時播出的綜藝節目，在中國市場上獲得了巨大的成功。

林志穎父子等五組明星父子、父女搭檔組成的來賓陣容，在節目組設定的各種環境中，進行 72 小時的親子戶外活動。他們或是到鄉下放羊，或是到野外爬山，或是上船捕魚，這個節目的播出，已經儼然成為一部「生活教育百科全書」，對七年級的父母們產生了莫大的影響。

其實，《爸爸去哪兒》的前期推廣極為低調，既沒有鋪天蓋地的廣告宣傳，也沒有大量的社群轉發，但就是這樣「放養式」的行銷方式，卻讓這個節目獲利豐厚，其原因究竟為何？

原因一，內容為本

時下流行的綜藝節目，大多是選秀類和相親類節目。但近幾年來，這些節目形式卻逐漸被人們所詬病，各種炒作和緋

第 7 章　社群媒體中的商業機遇

聞,讓消費者不知所措。而與這些喧囂、嘈雜的綜藝節目相比,《爸爸去哪兒》卻顯得特立獨行,在前期推廣中極為低調。

《爸爸去哪兒》於 2013 年 10 月 11 日開播,但其話題討論量的高峰是出現在 10 月 12 日。也就是說,在節目剛剛播出時,《爸爸去哪兒》並沒有受到廣泛的關注,反而是在節目播出後,在觀眾的「好評」中走向了高峰。微博上關於《爸爸去哪兒》的內容鋪天蓋地而來,而百度指數更是顯示出,在 2013 年 10 月 12 日這天,關於《爸爸去哪兒》的關鍵詞搜尋量迅速攀升至 62 萬!

這樣的成就,充分展現了《爸爸去哪兒》內容為本的行銷策略。無論是綜藝節目,還是其他產品的推廣,其最核心之處就在於產品本身的品質。正是由於《爸爸去哪兒》的節目內容品質禁得起考驗,其後期的微行銷方式才能讓這個節目如虎添翼,在最小行銷成本的投入中,取得最大的效益。

相反地,如果產品本身品質不過關,再多的微行銷也是無用,本末倒置的行銷策略下,產品只會捧得越高、摔得越慘!

原因二,本土化創新

《爸爸去哪兒》其實是參考韓國 MBC 電視臺的一檔綜藝節目《爸爸!我們去哪兒?》,且並非採取簡單的複製製作,而是進行了一次創新。

■ 第四部分　社群媒體行銷：短文案的力量

看過韓國版《爸爸！我們去哪兒？》的人都會發現，由於國情不同，韓國的家庭一般都有兩、三個小孩，因此，韓國的節目中是由一位爸爸帶著兩、三個小孩，主打孩子之間的交流，其真人秀的成分更為突出。而《爸爸去哪兒》則更為注重爸爸與孩子之間的互動，在節目組的編排下，以更為緊湊的節奏吸引了觀眾的注意。

有小孩參加的節目其實是最難拍的，因為孩子很難按照設定好的腳本演出，節目現場可能會發生各式各樣的情況。正是出於這樣的考慮，製作單位選擇由知名實境秀團隊製作這檔節目，希望憑藉他們的經驗，能夠更妥善地處理孩子這一「不安定因素」。

《爸爸去哪兒》的來賓都是明星爸爸和他們的「星二代」，此一設定也更能滿足普通觀眾的窺探心理，使得節目更具娛樂性，成為老少皆宜的節目。這也是《爸爸去哪兒》能夠打敗國內其他親子節目的關鍵所在，在明星效應的影響下，節目獲得更大的關注度。

原因三，社群網路的「錦上添花」

與《爸爸去哪兒》同時出現的還有《飯沒了秀》，但前者贏得了國內大部分觀眾的關注，而後者的收視率和話題性卻與前者相差甚遠。

《爸爸去哪兒》的前期宣傳並沒有過多地使用社群網路，

第 7 章 社群媒體中的商業機遇

但從這檔節目的製作和發展來看，社群網路從一開始就被納入節目的行銷策略中。五個明星家庭的參與，不可能不引發話題，而話題的引發就離不開社群網路。

很多人原本只知道幾位明星爸爸，現在卻能對幾位「星二代」如數家珍，更有甚者，有的「星二代」甚至比他們的父母更受關注。這就是《爸爸去哪兒》的成功之處，以明星爸爸吸引觀眾，再以可愛的「星二代」將觀眾牢牢地綁在節目上。很多不是父母的年輕人，也會關注這個親子節目，離不開社群網路與明星效應的化學反應。

一個親子節目本應針對為人父母的觀眾，但有了各位大明星和小明星，《爸爸去哪兒》從一個單純的親子節目轉變為大眾娛樂的節目，在禁得起考驗的節目內容和本土化創新中，贏得莫大的商業價值！

企業：平易近人，不打官腔

除了個人和企業之外，我們經常看到某政府單位、某國營事業或者某行政機構發布社群消息，內容通常比較正式，用詞也都是「官方」語言，內容涉及某某會議時間、地點、內容等。於是有的商家也學著把社群消息做得非常正式，卻很少有人關注。

企業和政府的社群帳號最大的區別就是目的不同：政府

部門的社群發文如此正式，因為他們要為廣大民眾做出關於時事、民政方面的答覆；企業經營社群，實際是在做行銷，是為企業盈利謀求發展，非但不能走官方路線，反而要走平易近人的「親民」路線。

企業社群帳號的內容要極力避免回覆「大而空」、「打官腔」，因為這不是網路使用者喜聞樂見的，他們想知道的是企業的具體消息、最新活動、產品的詳細介紹，也想與企業建立暢通親切的互動溝通。只有這樣，消費者才能購買到想要的商品，才能解除購買的後顧之憂。

企業平易近人有很多優點：

優點一，拉近企業與消費者的距離

企業只有與使用者近距離溝通，才能了解到使用者需要什麼類型的商品，企業才能為消費者提供所需的商品，深入探究雙方存在的問題並加以解決，這種良好的溝通，會為企業帶來意想不到的收益。

優點二，建立良好的企業口碑

平易近人的企業，讓消費者願意接觸和嘗試了解，消費者與企業接觸後會發現，原來這家企業與普通人也沒有什麼區別，也是有情感的。這就是社群網路行銷為企業帶來的擬人化效果，這種效果能在消費者群體之中廣泛形成良好的口碑，帶來正面積極的影響。

優點三，更容易實現消費者的轉化

在購買前期，消費者處於購買的觀望階段，當企業不厭其煩地介紹其產品、服務，而使顧客產生親切感之後，消費者便很容易產生購買欲，並且認為「也許不知道企業的產品品質到底如何，但就算是衝著商家這麼好的態度，我也要試試他們的產品」。

企業想要有親切感，看起來並不是什麼難事，可是說出來容易，做出來又是另一回事了。企業該如何做到平易近人呢？

方法一，與客戶直接接觸的企業員工，要進行專門培訓

每位員工都是獨立的個人，有著自己的情緒和性格，企業在安排員工提供線上服務的時候，應對他們有統一的要求。培訓必不可少，學習待人接物的技巧，面對消費者諮詢、疑問甚至刁難，做到不卑不亢、友好問候，如「您好，XX 企業客服為您服務，希望我能給您提供幫助」等，讓消費者留下一個好印象。在回覆消費者的評論、留言時，要注意細節，留意問題的重點，耐心解答。遇到自身解答不了的問題時，要即時向主管回報，獲悉解決方案之後立刻聯絡消費者。

方法二，社群貼文內容要貼近生活

企業社群帳號的內容不僅宣傳企業活動、產品資訊等，還要留出一部分空間塑造其人性化形象。如新浪微博上，小米公司就經常發布最新的科技產品資訊，指導粉絲某些手機

使用的小技巧。這些對粉絲們貼心的呵護，讓粉絲感覺不到這是在做行銷。無形之中，企業與粉絲之間的距離已經被拉近，粉絲潛移默化地接受了企業的行銷。

個人：見微知著，主動參與

很多網路使用者對社群媒體行銷懷有反感、抗拒心理。畢竟，太多人厭煩了電視上反覆出現的廣告，厭煩了商家的宣傳，更厭煩了自己崇拜的明星發表置入性廣告……這一切的厭煩，只因為使用者們沒有看到社群行銷為作為消費者的我們帶來的優點。

社群媒體行銷似乎都是企業在進行，但實際上不但與消費者有關，而且與消費者的切身利益息息相關：

相關一，有行銷的地方就有競爭

以新浪微博來說，大大小小、數以萬計的商家進駐行銷，可想而知競爭之激烈。比如在個人電腦行業，A 釋出一則官方消息，購買個人電腦可以享受九折優惠；競爭對手 B 一看到此訊息，快速做出反應，緊接著發布一則「以舊換新」活動消息。這些競爭、降價不需要花費什麼宣傳成本，能讓更多商家參與其中，價格也會隨之調整，這對消費者來說無疑是利多消息。

相關二，網際網路讓溝通更便捷

消費者在網路上購買商品時，只要關注企業社群帳號，在第一時間了解該品牌近期有什麼優惠活動，了解自己想要的產品詳細資訊。如果還存有什麼疑問或者顧慮，可以選擇線上諮詢，方便快捷。

相較於實體店消費，線上支付更方便簡單。網路上可以繳交電話費、水電費，更能線上購物，決定購買某產品後，直接在該商家的購買連結上進行線上支付，省去許多時間和精力；使用行動支付、信用卡等，就能買到自己想要的產品。

相關三，售後服務更有保障

很多人都有這樣的經驗：購買家電類產品之後，得到商家的一句口頭上的保固保證、一張保固卡和收據，等到真的出了問題，再抱著電器去找商家，不僅費時費力，能不能解決問題更是未知。網路行銷的售後服務則免去了這些煩惱，消費者可以直接聯絡商家的售後客服，得到他們第一時間的幫助。

網路使用者該怎樣參與社群網路行銷？

主動擔當行銷的傳播人。這一點並不需要使用者刻意去做，只要正常與企業溝通、購買產品、回饋訊息就可以了。使用者在購買產品之後，對商家做出評價，而這一評價就是商家最想要的：你的評價高，為商家造成宣傳效果，傳播影響他人；你的評價低或差，商家在了解情況後做出改進。總之，對買賣雙方來說，這種主動參與利大於弊。

第四部分　社群媒體行銷：短文案的力量

史上最貴的一則社群媒體發文

2011 年，一則企業的社群媒體發文吸引了各大媒體爭相報導，因為這則發文堪稱「史上最貴貼文」。

「發條微博，獲獎 10 萬元，創意 10 字內廣告語，贏 10 萬元大獎。」中國某家便利商店在其官方社群媒體上發布了一則活動訊息。而這則發文由於其天價獎金，被人們稱作一字萬金也不為過。該則發文引起了廣泛的關注，無數網友紛紛出謀策劃，為企業發想創意廣告詞，僅僅數日，企業就接到了數以萬計的創意。而這次社群網路行銷，從獎金發放到社群媒體經營，總花費不超過 12 萬元人民幣，相較於以前的電視宣傳，已經算是小成本行銷了，但效果卻非凡。

該店的官方社群帳號粉絲數量從一個月前不到 100 人，暴增到近 10 萬人，媒體也競相報導。現在，其官方社群媒體上的粉絲已經有 110,882 人，並且還在呈上升趨勢。該店董事長甚至感慨道：「到現在我出去交換名片時，還經常會聽到別人提起去年的社群媒體事件，很多人是認識這則貼文，卻不認識我。」

這短短的十幾個字，引發網友的熱情，不僅使商家在該地區的地位更加穩固，也打響了該品牌，有效地進行了品牌傳播，這一則「史上最貴貼文」成為企業社群媒體行銷史上的著名案例之一。

第 7 章　社群媒體中的商業機遇

　　前述的成功案例，並不僅僅藉助高額獎金噱頭，而是他們真心在做社群行銷，並將其優勢完全發揮了出來。

　　該便利商店倡導員工全部參與社群媒體行銷，制定了社群媒體管理辦法，要求「加強社群媒體行銷力度，深度管理社群媒體」。不僅作為企業的奮鬥目標，而且成為每位員工必須履行的工作職責，直接攸關員工的績效。為了鼓勵員工參與社群媒體行銷，企業設立「社群媒體績效」考核每位員工為「品牌社群宣傳活躍度」所做的努力。企業要求每個部門的每位員工開通騰訊微博或新浪微博，員工每天必須上線轉發和評論公司的社群媒體，同時擔任企業的線上服務人員，為消費者解決售前售後問題。

　　此例成功的社群媒體行銷是值得商家們深思的。他們在很早之前就理解到社群行銷的重要性和潛力，義無反顧地將行銷重心轉移至網路平臺，這種決心是要做社群媒體行銷的企業需要學習的，既然做，就不能是半吊子，必須要與傳統行銷一樣，整合制度，才能造成最好的效果。

　　社群媒體行銷作為一個新生的行銷方式，正在不斷發展和完善，企業需要有專人維護其官方帳號，定期更新內容，注意內容的合理性，並且要有一定程度引人入勝的噱頭，藉此形成品牌價值，讓更多的消費者透過品牌價值了解企業。

第四部分　社群媒體行銷：短文案的力量

第 8 章　社群媒體操作技巧

　　玩社群媒體容易，但想要將微行銷玩得如魚得水就沒那麼簡單了。

　　從建立企業的官方社群帳號說起，這是一個既精細又必須做到全面的過程。首先，在網路平臺上註冊自己的社群媒體帳號，通過實名認證。上傳企業的 Logo 作為頭像，暱稱使用企業的全稱或簡稱，在註冊過程中提供相關證件或登記字號。

　　社群貼文有相當多的呈現形式，如文字、圖片、動態圖和短影片等。正是這些多樣化的應用，配合簡短的文字，傳達無比豐富的訊息，便能吸引粉絲前來關注。建議商家多花費些時間和心思，揣摩和發表每一則社群貼文，畢竟社群媒體所傳達的內容將是吸引消費者的關鍵因素。

技巧一：圖文結合，文字也會說話

　　在使用社群媒體眾多的技巧中，最常見也是最直接有效的，就是圖文結合的表現手法：

優點一，圖文結合有助於塑造具體的想像

　　經常在明星的社群帳號中看到類似的發文：「今天去了一家不錯的餐廳，推薦朋友們去試試看。」接下來附一張照片，

包含餐廳環境、裝潢和菜色。看到這一則貼文的粉絲，不僅能經由文字說明搜尋該明星去了哪家餐廳，還會被照片上精緻誘人的菜色吸引得蠢蠢欲動，增加了前往消費的可能性。許多知名餐廳便經常發布類似貼文，圖文並茂，粉絲們看了之後胃口大開，自然便絡繹不絕地前往品嘗美食。

優點二，圖文結合使表達方式更豐富

雷達蚊香曾發布一則廣告圖，圖為一隻蚊子被一道來自蚊香液的閃電擊中，頭暈目眩，面露痛苦之色而緩緩墜地。而圖旁只有短短幾句產品介紹，並沒有太多蚊香液功效的文字描述。但網友一看到這張圖，結合蚊子痛苦的表情，就能意會該產品的強大驅蚊效果。圖文結合生動形象，往往能讓企業獲得意想不到的行銷效果。使用圖文結合要注意時宜，過於頻繁反而容易招人反感。如果企業社群媒體僅僅為了行銷而行銷，發的內容全部是產品圖片，或者圖片與文字內容毫無關聯，都容易令人對商家失去興趣。商家在做「圖文結合」的時候，要注意以下幾點：

第一，圖文結合一定要緊密，避免與二者無關的情況

很多企業社群媒體的內容往往「掛羊頭、賣狗肉」，明明貼文內容是提醒粉絲注意交通安全，配圖卻是公司的某產品，粉絲看了貼文剛剛被溫暖了一下的心，立刻被澆了一盆冷水。若有消費者想要了解產品，這本應是一件好事，然而

附上的產品照片,細細一讀,卻發現文字內容與介紹產品毫無關聯,這也會讓消費者大為光火。

第二,文字和圖片的內容要貼近生活

社群媒體貼文必須要切合實際,貼近生活,切忌浮誇空泛。商家發表的文字圖片,最好要反映廣大使用者的需求,而不是自己想發什麼就發什麼,更不能一味地介紹企業的產品有多好、服務有多優。這些與消費者的生活工作並沒有直接關聯,很難引起他們的興趣,更不用說產生購買行為了。某汽車用品公司可以如此發表貼文:「朋友們,開車時總是坐墊頭枕跑偏而不舒服嗎?車前吊飾在眼前晃來晃去而想把它一把扯掉嗎?我們可以為你解決這些問題!我們公司旗下品牌……」同時,附上產品真實的使用圖片,既親切,又能引起消費者的共鳴。

第三,發圖不能過於頻繁

如果企業社群媒體的內容全都附帶圖片,消費者看多了之後,難免會審美疲勞,感到厭煩。有些可以是帶有圖片的長貼文,有些則應該用短短的一兩行無圖文字一筆帶過。

技巧二:動起來,美圖無需低調

有些商家過於熱衷發圖,導致不少客戶頗有微詞——上線就看到企業的產品圖片,實在有些厭煩。有些商家選擇走

第8章　社群媒體操作技巧

另一種極端——堅決不發圖，只發文字。

大多數商家不敢發圖的原因不外乎兩種：一是對產品、服務品質缺乏自信，不敢自揭短處；另外一種情況則更常見，過於傳統保守，不願意過多地自我展示，生怕消費者產生「老王賣瓜，自賣自誇」的負面印象。

產品品質不夠好的企業，只能用一些文字上的訊息欺騙消費者，然而時間久了，自然會有消費者產生懷疑——其他企業都敢把產品圖片發到社群媒體上，為什麼這一家不敢？難免引發質疑。思想保守的企業則受到很多制約。有的商家處於保密階段，不能向消費者透露太多產品訊息；有的商家還沒有適應社群媒體行銷這種開放的模式，認為低調就好；還有一部分商家，尚未理解圖文結合的重要性，明明擁有一流的產品和服務，卻認為沒有必要展示太多，他們堅信「好商品總會有人發現的」。

隨著網際網路的發展和完善，如今市場早已不是閉門造車的時代了，依然懷著「酒香不怕巷子深」這種觀點，遲早會被市場淘汰。

有圖才能有真相，圖片是真實的反映。雖然現在的修圖技術可以將很多圖片修到極致，做到零缺陷，消費者明明知道圖片被修過，但還是會被自己的第一感覺——視覺所欺騙。眼見為實，耳聽為虛。消費者看到商家分享的一張張產品「美圖」，第一時間對商家產生認同感——至少該商家提

供的產品並不遜色於其他企業。

低調在行銷戰場並不適用。往往只有主動出擊，展示優勢的企業，才能占領市場優勢。低調發展在網路行銷出現之前或許可行，但一旦進入微行銷時代，再想低調也不行了，成千上萬的網路使用者等著看企業亮出令人眼前一亮的產品。透過比較兩家實力相近的企業社群媒體，發表內容是一樣的，有沒有圖片，便顯出競爭力的高低上下。

好商機必須儘快轉化為行銷。就像前文說的便利商店行銷案例，不僅一字萬金的文字能夠做起噱頭，一張照片也能造成同樣的效果。而且比起文字的繁瑣（有時行銷內容不完整，很難用語言表述），照片能將最新的行銷訊息傳達給客戶，不用多說什麼，讓消費者自己理解，這就是第一時間將商機轉化為行銷的最好途徑。

技巧三：說話方式決定社群媒體效果

有的商家會問：為什麼同樣做社群媒體行銷，我們做的效果卻比不上同行呢？明明企業的綜合實力很接近，發表的社群媒體內容也差不多，但就是比不上他們的人氣高、粉絲多？

在企業實力接近，發布社群媒體內容、頻率、方式等都類似的前提下，唯一能影響其受歡迎程度的，就是社群媒體語言的藝術，簡單地說，就是說話方式的不同。

第 8 章　社群媒體操作技巧

很多社群媒體行銷做得很出色的企業，在為員工進行線上培訓的時候，將大部分重點放在說話方式上，可見其重要性。社群媒體內容能夠引起粉絲共鳴，說話方式能博得他們好感，可想而知接下來的行銷效果會有多麼成功。而一個「不會說話」的企業，哪怕活動再吸引人、產品品質再好，也都無法讓粉絲產生半點好感。說話方式恰到優點的優勢有很多：

優勢一，透過引人好感的說話方式，與客戶建立良好的溝通

這類型溝通可以是一對一（員工解決售前諮詢、售後服務等），也可以是一對多（官方帳號發表消息、轉發和評論等），而這二者都需要恰到優點的說話方式，社群媒體行銷必須從良好溝通開始。

優勢二，社群媒體行銷中，良好的說話方式能夠拉近與顧客的距離

社群媒體行銷的一大優點，就是能將原本在客戶心中神祕的企業擬人化，賦予企業性格和情感等。商家若能巧妙利用此點，就能讓社群媒體內容看起來像是出自企業之口，使消費者產生親切感。

優點這麼多，企業又該怎樣努力才能讓其社群媒體看起來「能言善道」呢？

首先解決企業在網路平臺上是如何與消費者接觸的問題。毫無疑問，與消費者對話的幾乎都是企業員工，在社群

第四部分　社群媒體行銷：短文案的力量

媒體貼文的也是員工。社群媒體的說話技巧、客服的語言語氣，無不展現出他們的個人素養、性格特點，但是客戶並不知道這些──客戶只知道，他們看到的語言和詞彙，都代表著企業的形象。不僅管理者要學習說話技巧，而且還要對員工進行專業培訓。

說話時，必須保持禮節。不論在什麼場合，面對客戶的質疑和責難，一句「您好」在任何時候都是必不可少的。禮節雖然不可少，但並不是要企業及員工一味迎合、奉承，也存在少數消費者故意刁難、威脅商家的情況。這種時候，商家面對惡意詆毀，應該拿出勇氣，與其理論，不卑不亢地答覆，也可以將過程公開，發起輿論評價。

竭誠服務。哪怕身處虛擬的網路世界，同樣缺少不了真誠。企業、員工必須懷著一顆真誠的心，確實解決消費者的問題。將心比心，企業做到了真誠，企業員工受到正確的價值觀和服務準則潛移默化的影響，說話技巧及方向就不容易出現偏差。

多用日常化、口頭化用語。這種語言帶來的親切感，即便是明星與粉絲交談也不遑多讓。

很多企業並未重視這些恰如其分的說話方式，然而他們將會發現：不會說話的企業，將在社群行銷市場上毫無立足之地；而那些會說話的企業，無不是網路平臺上的佼佼者。

技巧四：一點點心思成功逆襲

企業的官方社群從建立到壯大並非一朝一夕，尤其對中小型企業來說，他們沒有一線企業早期在傳統行銷中建立起來的人脈和品牌價值，不占優勢的中小型企業更需要腳踏實地一步步用心經營。

對中小型企業而言，最讓人頭疼的就是前期發展。剛剛進駐某社群媒體平臺，粉絲數量必定不多，哪怕是像星巴克這樣強勢的品牌，初期進駐新浪微博的時候，前幾週也只有數萬名粉絲，而那些相對不知名的中小型企業只有幾百名粉絲，還沒有企業某員工個人粉絲多。

若非遇到可供炒作的內容而引發注目，企業粉絲數量的成長永遠是一個緩慢但持續成長的過程，商家若太心急，鋌而走險惡性炒作──知名度是有了，關注度也有了，可惜沒有人會買你的產品。

中小型企業唯有透過一點一滴的努力，樹立大局，從細節出發，最終才能成功「逆襲」。而這樣的例子也不勝枚舉，正因為這些企業掌握了「逆襲」的五大妙招：

妙招一，正確定位自己

企業不用妄想剛進駐社群媒體平臺就能獲取超高人氣，不要制定虛妄的目標，要認清自己所處位置，為自己制定一

個短期目標和長期目標,例如,每個月經營幾次活動、粉絲數量突破多少、一年粉絲數量達到多少,等等,努力朝目標前進。

妙招二,準確定位社群媒體平臺客戶族群

企業必須主動出擊,在目標客戶族群經常出現的地方進行宣傳,為自己帶來更多的客戶資源。

妙招三,堅持每天發布社群貼文,哪怕目前沒有人或極少人關注

堅持不懈是企業經營社群行銷的首要原則,即便進軍社群行銷的效果並不理想,粉絲數目也不多,但是只要堅持不懈,粉絲還是會以可見的速度成長的。

妙招四,注意調整自己的關注對象

企業也可以關注其他個人或團體帳號,尤其在新浪微博、騰訊微博等網路平臺中,「我關注的」選項,也可以被其他使用者看到。企業如果能和一些知名社群媒體帳號「互加好友」,這種間接的關注無疑將有助於自身的粉絲數量。

妙招五,走親民路線

無論是發布社群貼文,還是企業售前諮詢和售後服務(這兩點非常重要,即便關注的粉絲不多也必須堅持),請走

親民路線。親民路線的優點無須贅述,拉近與消費者的距離,如果交流順利,使用者有極高機率將企業推薦給其他好友,經過這種裂變式傳播,商家會驚喜地看到企業的關注度快速上升。

第四部分　社群媒體行銷：短文案的力量

第 9 章　故事行銷的力量

與大家分享一則有趣的小故事。

有個自稱專治駝背的江湖郎中，在招牌上寫著「無論你駝得像弓一樣，還是像蝦一樣，甚至像飯鍋一樣，經過我治療以後，立刻妙手回春」。有個駝背的人信以為真，跑去請他醫治。這位郎中沒有替駝背的人開藥方，卻拿來兩塊木板，讓駝背趴在一塊木板上，把另一塊木板壓在駝背的人身上，然後用繩子綁緊。接著，自己便跳上木板，一頓亂踩。駝背的人連聲呼救，他也不理會。結果，駝背總算被弄直了，可惜人也一命嗚呼了。駝背人的兒子找他打官司，江湖郎中卻說：「我只說會治好他的駝背，沒有說要顧及他的死活吧？」

這則小故事不僅是一個笑話，更是一個著名的行銷故事，帶給企業很大的啟示。

從這則故事中可以看出，消費者的需求和偏好是各式各樣的，企業行銷的目的是要找出解決客戶問題的方法，生產出符合客戶需求的產品，這樣才能盈利，才是成功的行銷。

一則簡單的小故事，不僅吸引人們的目光，並且蘊含深刻的道理。如果企業能夠在社群媒體行銷中將講故事和做行銷完美地結合起來，造成的妙用將是無窮的。

第 9 章　故事行銷的力量

讀懂社群媒體行銷「背後的故事」

企業經營社群媒體不僅要按正規流程，還要發想「背後的故事」，這些「故事」看起來與行銷沒有直接的關係，卻是一家企業做好社群媒體行銷必不可少的重點。社群媒體行銷「背後的故事」有哪些呢？到底有什麼地方值得企業的關注？

「背後的故事」其實可以分為兩個類型：一種是字面上的故事；另外一種則是「故事」背後隱藏的深意。

企業可以在撰寫社群媒體貼文時穿插小故事，這些故事可以是摘抄的，也可以是自己編纂的，這些故事都是能吸引粉絲目光的利器。

方法一，積極與第三方平臺合作

例如在新浪微博中，企業不能惡性競爭，切忌大量訊息洗版；要與新浪編輯、網站管理者等密切溝通，展示與網站合作的誠意，爭取在使用者的登入介面、個人中心等網頁介面，滾動播放企業的官方連結和動態。若能得到第三方平臺的推薦，將是極大的助力。

方法二，主動參與社群媒體行銷

商家要盡可能地多做社群媒體工作，與第三方平臺建立良好的關係，才能互利互贏。

方法三,注意細節和細節回饋

企業在發表行銷故事的時候,不是發布成功就萬事大吉了,還要注意粉絲的反應。如果回饋良好,則可以繼續使用此一類型的故事;如果反應不佳,則應該研究一下粉絲們到底喜歡看什麼類型的故事,效仿沿用。故事內容不能涉及敏感詞彙,避免過多的行銷內容,故事及行銷分別所占的比例,最好是六比四或七比三。

方法四,合理利用行銷小故事

這裡的合理,指的是企業要在適當的情境下使用不同的故事。內容不同,風格也要不同。如某蚊香廣告:「媽媽,我想到月亮上去。」「為什麼啊,寶貝?」「因為月亮上沒有蚊子。」就非常符合其產品內容,可以作為社群媒體故事使用。社群故事和行銷內容緊密結合,讓消費者看得懂,想要購買。

低成本故事投入獲得高回報

一般而言,企業樂意用一些小故事吸引消費者的注意,這些小故事不需要費多大工夫就能在網路上找到,或者自己編出來,讓企業行銷有了好的開始,為之後的行銷打好基礎,獲得更高的回報。

為什麼社群媒體小故事這麼受到粉絲的歡迎,以至於能夠影響到他們的購買意願?

第 9 章 故事行銷的力量

原因一,以故事開頭,避免開門見山,增加委婉性

有些企業的官方社群內容屬於行銷取向,也就是說,其發布、轉發的內容,大多數是介紹企業概況、宣傳最新活動、促銷企業產品和服務。這樣的企業社群媒體,粉絲量通常都不會太多,因為他們太過開門見山。試想,消費者每次重新整理頁面,就跳出企業廣告,會覺得高興嗎?比較有技巧的企業社群操作,以一些小故事作為開頭,委婉了許多,不僅不需要什麼成本,造成的效果也是前者不能比較的。

原因二,故事可以使行銷生動形象,吸引粉絲的注意力

社群媒體使用者都知道,一則小故事的出現,會讓原本盯著螢幕的人眼睛一亮,進而有興趣將整則貼文看完。看到最後,哪怕發現了這是一家企業在做行銷,只要故事足夠有趣、打動人,就很難對該企業產生反感,反而會把該企業留在自己的追蹤名單裡,期待看到其他貼文內容。

原因三,隱蔽性強大,不易被認為是直接行銷

發一則小故事,可以是虛構的,也可以是描述自身經歷,要將粉絲的注意力從行銷上支開,不能讓消費者聯想到是企業在委託明星做行銷。

原因四,成本低廉

社群媒體行銷是低成本行銷的代名詞,發表帶有小故事

的社群貼文，不需要花錢，這些故事可以是摘抄或引用的，若是原創作品更能讓人眼前一亮，如果內容新穎獨特，甚至能在社群媒體上引起熱烈討論。

企業在使用小故事做行銷時，要注意以下兩個事項：

事項一，故事種類

故事的種類很多，如童話故事、笑話和愛情故事等，這些都是很好的題材。企業可以根據行銷的實際內容決定故事類型。值得一提的是，引用一些小動物的故事，不僅親切感十足，而且萬能，通常在任何環境背景下都適用，可以說是行銷故事的「萬靈丹」。同時，避開一些敏感話題，與色情、賭博、毒品等有關的不良訊息根本不要嘗試涉足。

事項二，故事注意實用，最好有內涵

企業社群帳號發文要注重結合生活，展示親和度，但不要忘記，企業社群最主要功能和目的就是做行銷，為企業謀利，如果使用的故事沒有實用性，也沒有深刻的內涵，讓粉絲覺得無聊，則是世界上最失敗的社群媒體了。

利用社群媒體名人代言

在社群媒體平臺上，很多明星都是「明碼標價」的。為什麼這麼說呢？因為企業不僅理解用社群媒體名人做行銷能夠

第 9 章　故事行銷的力量

帶來的影響力，名人也意識到企業能給他們帶來的優點和利益──自己動動手指就能賺錢，這不是最方便省事的雙贏模式嗎？

還有專門為企業做行銷的帳號，被網友戲稱為「行銷帳號」。這些帳號擁有大量粉絲，雖然有一部分是他們自己註冊的「幽靈帳號」，但對企業來說，其巨大的粉絲數量是做廣告、推產品的最好平臺之一，企業也樂於與這樣的「名人」合作。

企業利用社群媒體名人做行銷，自然有其優勢：

優勢一，成本低廉

根據新浪微博官方統計，平均一個擁有 60 萬有效粉絲的帳號，幫一家企業釋出一條行銷廣告的要價一般在 600 至 1200 元；而一些微博名人代言，收費則是在數千元乃至數萬元不等。雖然這在中小型企業看來仍是一個不小的數字，但是比起傳統行銷中的電視、報刊廣告動輒數十萬、上百萬的代言費來說，這簡直就是低成本行銷。

優勢二，無需企業出面，不易影響企業形象

利用名人代言的另外一個優點就是企業不需要親自出面做行銷，官方社群媒體依舊可以走原來的親和路線，而行銷的任務交給名人，不僅效果更好，也不會招致粉絲反感，因

為粉絲關注的名人,一般都是他們在現實中尊重崇拜的對象,更能引發粉絲們的好奇心,進一步關注企業的官方社群媒體。無形中,企業為自己爭取到了大量的直接或間接粉絲。

請名人代言需要與企業的形象、文化和品牌高度相符,並非發布什麼內容都可以,必須要堅持以下三原則:

原則一,廣泛撒網,重點捕魚

所謂廣泛撒網,是指企業不能只請一個名人代言,因為企業不熟悉其說話風格,也不知道其實際的粉絲情況。曾經就有企業遇到過請人代言,但是該「名人」麾下的近百萬粉絲,幾乎 90% 以上全是「幽靈帳號」。最理想的情況是,企業最好要同時聘請 3 至 5 位社群媒體名人代言,花不了太多的錢,從中選取行銷效果最好的,再將重心轉移到該位名人,使其成為企業的「御用」行銷代言人。

原則二,注意代言頻率

一旦企業選中了某位名人,就可以請他為企業做行銷了。但是,切記不能讓名人發表過多、連續的行銷訊息,否則即便做得再隱蔽,也會被粉絲們察覺。如果粉絲們總是看到該明星發表同一家企業訊息的社群貼文,遲早會產生質疑。因此,企業找名人發表貼文不能「濫」,而要「精」,通常只要一則優秀的代言文案,就能造成應有的效果了。

原則三,選對企業主要客戶族群出沒的社群媒體

例如,某女性服飾企業通常都選擇一線女星代言,因為粉絲關注該女星,就是想了解她的生活方式,甚至模仿其穿著打扮。企業若是能夠選對明星,該明星所穿著的同款服飾銷量必然暴增。

草根也有自己的力量

在微博發展的早期,就出現了「草根」這一名詞,「草根微博」隨之走紅,發展到今天,「草根微博」依舊是人們關注的對象。如果企業行銷能夠利用這些草根微博帶來的「草根效應」,造成的效果必定會超出想像。

商家在接觸草根微博的時候,就要先弄明白,什麼是草根,什麼是草根微博。

「草根」等於平凡普通的同義詞,代表普通人,而不是名人。草根們簡單、低調,但是他們自信,一直堅信自己很優秀,認為在微博舞臺上,自己並不會做得比名人遜色。而「草根微博」,就是指具有這種草根精神的網友們使用的微博帳號。

近年來,草根們透過自己的努力,讓草根微博逐漸占據了一席之地,有些帳號的影響力甚至遠超過某些一線明星。這些帳號在新浪微博上享有很高的人氣,企業注意到他們,

就是因為他們透過不拘一格的語言形式和表達方法，博得粉絲們的喜愛，不僅值得企業學習和借鑑，也是企業做社群媒體行銷必須親近的對象。

這些草根帳號的內容來源相當廣泛。其中主要依靠以下三種方式：

第一種，翻譯國外內容，發到社群媒體上

這種方式不是原創，但透過尋找資源，精心翻譯，由於粉絲較少看過，對此興趣度高，此社群媒體不容易被他人模仿。

第二種，摘抄引用，他人有什麼好內容便轉發

這是在不涉及侵權前提下所採用的方式，把一些相關故事加以整合潤色，並用來作為自己的社群媒體內容。

第三種，專題策劃

這與企業的社群媒體行銷密不可分，企業可以請這些帳號協助行銷宣傳，根據企業的品牌、產品等內容策劃出一系列行銷專題。

這些草根社群媒體帳號往往擁有大量粉絲，數量在百萬級以上。一部分是其自己註冊的「幽靈帳號」；另外一部分則是被吸引過來的活躍使用者。企業所要學習的是他們吸引粉絲、提高自身人氣的方法，因為這些都是通用的。

第 9 章　故事行銷的力量

方法一,批次註冊帳號

這一方式雖然看起來沒有什麼作用,也過於費時費力,但是卻是網路推廣經久不衰的方法。這種方法只需要在社群媒體註冊前期使用,為自己增加基礎粉絲。例如創始人可以在前期先註冊多個社群媒體「分身」帳號,平均每個帳號追蹤 5 個其他使用者,而這些被追蹤的使用者會有一部分反過來追蹤「分身」帳號,時間一長,當中就會有一部分帳號擁有大量的關注者,進而為帳號前期的人氣奠定了基礎。

方法二、與社群媒體平臺保持良好關係,獲得編輯的推薦

這是社群媒體獲得粉絲最重要的來源,有了編輯和管理者的推薦,在新使用者註冊區塊、個人帳號登入和個人社群媒體首頁等使用者經常光顧的頁面,就會出現其社群媒體的簡介和關注連結。企業要學習這種做法,爭取得到網站的認同和協助。

方法三,這其實是不得不使用的無奈之舉,那就是買賣粉絲

現在不少網站在進行買賣粉絲,有經驗的人都知道,在社群媒體私訊、留言和評價中,都能頻繁接到販售粉絲的訊息。甚至在淘寶上直接搜尋,就能看到粉絲價格表。一般來說,這種價格不會太貴,一萬個粉絲帳號只要幾十元,十萬個也只要數百元。這種方法之所以說是無奈之舉,就是因為這些使用者帳號都是「幽靈帳號」,只能用於前期,為企業社

第四部分　社群媒體行銷：短文案的力量

群媒體打下粉絲數量的基礎,如果數量多了,自然會被其他粉絲識破(評論量、轉發量與粉絲數量不成正比),反而不利於企業的長遠行銷。

第五部分
WeChat 行銷：微言大義

第五部分　WeChat 行銷：微言大義

第 10 章　無限可能在彈指間

　　利用社群媒體尋找潛在客戶有很多辦法，例如，與別人互動時直接看到了客戶有購買需求，或是透過搜尋主動發現他們。

　　如果你是一家手機銷售商，可以在社群媒體的「搜尋欄」中輸入「買手機，哪一款」，很可能立刻就能找到有購買願望的帳號。多麼方便，你只要主動與這些潛在客戶交流並且設法爭取過來。

　　想要發現新客戶，必須多方觀察，畢竟不是每位客戶都有完整的資料，所以，要透過瀏覽訊息的方式，發現更多潛在客戶。

　　如今，爭取客戶的通路越來越多，隨著網際網路和手機技術的發達，完全可以從社群媒體等新興媒介獲取財富訊息，尋找客戶的方式變了，技巧和原則也有變化，一成不變的模式只會讓企業陷入僵局，不妨先和客戶拉近關係，漸漸地，便能了解對方的需求，如果你可以適時推薦自己的產品，交易就完成了，從客戶的角度而言，這種方式快捷、便利，甚至能夠給予他們優惠，既然可以實現雙贏，何樂而不為呢？

第 10 章　無限可能在彈指間

突破 6 億使用者人數的 WeChat

目前 WeChat 使用者人數已經突破 6 億！人們在驚訝之餘不得不面對更驚人的現實：自 2011 年 1 月 21 日發布第一個 WeChat 版本，期間耗時不到兩年。

其實，WeChat 的普及率一直保持很高水準，並且速度一直在加快，這個跨平臺應用的優質軟體，幾乎可以用於所有手機作業系統，使用非常便利。由此說明，操作越便捷的產品，越能受到歡迎，WeChat 的內容並不多，卻可以滿足使用者對通訊、訊息發布和交友等需求。可見，越貼近生活的產品越受到歡迎。

WeChat 不僅在中國大受關注，也吸引了海外體驗者的注意，當客戶覺得使用順手的時候，產品便會得到廣泛運用。

在 WeChat 面世之前，也出現過很多社交軟體，但都不如 WeChat 在中國的「家喻戶曉」，這款功能全面卻不用花費太多流量的軟體，不僅帶給使用者新鮮感，還帶領他們進入「溝通心領域」，同時，隨著使用者數量的成長，企業還將獲得更多利益。

為什麼 WeChat 可以在短時間裡獲得好評呢？原因可以歸結為以下三點：

原因一，WeChat 做到了「精準定位」

作為該產品的「靈魂人物」，張小龍先生有十多年的網際網路產品經驗，他一直致力於用簡單的規劃來處理複雜世界，對於 WeChat 的精準定位，成為其成功的首要條件，WeChat 給誰用？他們的需求是什麼？有無操作上的「習慣」？將各種問題都深思熟慮後的張小龍，才開始著手做。

原因二，懂得產品的內涵，甚至可以預期客戶的感受

雖然外界對騰訊的評價是「一直在模仿」，但是它「從未被超越」，在模仿其他產品的時候，WeChat 一直保持「在地化」，並且做到一定程度的創新，做好「投入」是 WeChat 得以發展的重要因素，在 2.0 版本釋出前後，WeChat 研發團隊人數上升到 200 人，這麼大的規模，是行業內較為少見的。

騰訊擅長的「微創新」對 WeChat 也做出了很大貢獻，尤其是 2013 年 8 月，WeChat 5.0 版本釋出之後，新增了遊戲中心、WeChat 支付等商業化功能，將 WeChat 的發展推入了一個新的階段。遊戲中心採取社交遊戲的方式，讓使用者在玩遊戲的同時體會到社交的樂趣，更加緊密地黏合了使用者。而 WeChat 支付的開通，令使用者更方便，讓整個 WeChat 形成完整的系統。

實際上，創新就是對使用者體驗的極致追求，正因為騰訊公司一直將創新當成是首要之務，所以他們一定要把 WeChat 創造得「很好用」，這也是廣大使用者的心聲。

第 10 章　無限可能在彈指間

原因三，準確的風格定位

「網際網路產品一定要簡單。」這是張小龍的審美觀，試想，如果一個產品用起來非常簡單，而且涵蓋了很豐富的內容，怎麼會不受到使用者的青睞呢？

WeChat 就是這樣，看上去一點也不複雜，但是能滿足年輕人的需要，讓他們的生活更加豐富，幫助他們更方便地交友和通訊，這就是 WeChat 在這幾年內使用者過 6 億的「祕笈」。

在網際網路世界中，使用者獲取更多訊息的管道是透過不斷新增好友，然後看他們分享的各式各樣（影片、文字、音訊、圖片等）訊息。通常人們看到有人分享了自己感興趣的內容，就會去檢視對方的資料，這可能是個下意識或是習慣性動作，但是在多次看到某個人分享了自己感興趣的內容，就會考慮要加對方為「好友」，漸漸地，交際圈就被擴大了。

越來越多的營運商看準這個功能，紛紛把目光投向「訊息分享」，當「分享」按鈕嵌入頁面中，使用者看到網站中感興趣的東西後，就可以點選「分享」按鈕，非常簡單方便，你可以選擇分享到各種社群平臺，當「粉絲們」看到你的分享，就會到你的個人主頁中檢視內容，增加了你的訪問量。

你也可以在自己的公司網站中新增「分享」按鈕，步驟非常簡單：

137

步驟一，開啟分享按鈕進行頁面設定。在位址列中輸入目標網站的連結方式。

步驟二，設定選擇樣式。可以是圖示或是按鈕等，圖示的大小、是否顯示分享數等訊息都是可以被設定的。

步驟三，再觀察右邊效果預覽區，看看是否滿意。

步驟四，如果以上工作都完成了，可以單擊最下方的「獲得程式碼」按鈕，將程式碼複製到你的網站程式碼中。

在現實生活中，我們必須先認識某個人，再了解對方的興趣愛好，最終成為朋友，網路世界剛好相反，因為你無法找到對方，並與之面對面交流，所以必須透過分享的訊息，看出對方的興趣。

當然，也可以形成一個組織，像「網購俱樂部」、「驢友會議室」等，將類似訊息放到一起，你釋出的訊息越多，越能夠吸引使用者的目光。

如今，出現了不少以分享訊息為主的網站，它先將網站內容進行分類，然後再把相關訊息新增進去，在網站首頁，使用者可以看到分類字樣：包包、飾品、衣服、鞋子……總之，使用者想看什麼都可以。

當使用者看到中意的商品，一定會開啟看看詳情，還想找到商品出處，在網站沒有寫明出處的時候，使用者會去關注其他使用者留言，同時能看到他們的評價，此時，交際圈

第 10 章　無限可能在彈指間

正在慢慢被擴大。

網際網路的訊息傳遞功能和訊息容量是我們無法想像的,如果能夠妥善利用「分享」按鈕,就能得到想要的訊息以及認識更多人。企業和個人的需求都會在網際網路上展現出來,在資訊交流的過程中結識更多有共同興趣和需求的人。就企業的角度而言,能夠為將來獲得利益創造機會;從使用者的角度,在實現更優質網路生活體驗的同時,實現在網上也能「貨比三家」的願望。

朋友多了,訊息量就很大,對企業和使用者都有很大優點,當然,這一切都要從點選「分享」按鈕開始。

一同參與互動行銷無死角

既然是訊息分享和社交軟體,微博、WeChat 等訊息平臺有一個非常重要的特點就是能夠實現「互動」,所以才會有「無互動,不微博」的說法。然而,很多企業卻因為受到傳統觀念的束縛,非常不適應社群平臺上的互動,或者說不清楚該如何利用網際網路與外界進行交流,繼而失去了很多塑造品牌形象和贏得更多客戶的機會。當行銷出現「死角」,企業的利潤就會被打折扣。從某種意義上說,互動並不比發布訊息簡單,也需要花費心思和動腦筋,才能讓「互動」內容在打動人的前提下,顯示出足夠誠意。

第五部分　WeChat 行銷：微言大義

人與人交往首先要有誠意，在網路行銷中也一樣，雖然買賣方式發生變化，但是內涵一樣。在互動的過程中，對方可能會問你相關問題，不論多麼麻煩都要耐心解決，在和使用者的交流中，需要保持禮貌，並且給予對方專業、詳細的解答，就像在實體店面，客戶向商家諮詢問題的時候，都會獲得耐心的回覆。

「態度決定一切」。在互動的時候，要把真誠的一面展現在對方「面前」，即使沒有即時完成銷售工作，也讓對方留下良好印象，優質的服務是贏得客戶的重要關鍵，行銷本身就側重於品牌推廣，只要品牌打響了，還擔心沒有客戶嗎？

當然，互動也需要注重技巧，沒有人喜歡「死板」的交流方式，語氣輕鬆明快，語言幽默詼諧，更能迎合客戶的口味。幽默就像潤滑劑，能夠活躍緊張的氣氛，雖然企業和使用者交流應具備專業性，但是說話太嚴肅亦會造成對方的反感。

不論是誰，每天都要面對眾多壓力，如果連互動都是枯燥的，便很難牽動對方的情緒，互動的目的是為了讓更多的使用者了解產品。市面上同類型產品很多，想要贏得客戶，必須提升服務品質，讓對方擁有愉快的購物體驗，便可以在互動方面下工夫。

你是否看到了社群平臺產品在互動方面的優勢？銷售人

第 10 章　無限可能在彈指間

員向客戶介紹商品的時候,無法表現出誇張的動作或是表情,如親吻、拍手或是擁抱等,而這些都可以透過網路表情展現出來,如果配上生動的文字,效果會更好。

過往商家推出優惠活動,可能會張貼在櫥窗玻璃上,或是在門口立個牌子,讓客戶了解詳情的內容有限,若是換成在網際網路上傳播,速度就快多了。

例如,某蛋糕店在社群平臺上註冊了一個帳號,定期發布優惠訊息,並且給予少數人額外優惠:標記朋友可以獲得折價券、轉發或是分享能夠參與抽獎等。

作為網際網路產品,主要功能是將使用者「聚集」在一起,人越多,就有利於商家發表產品資訊,正由於網路的虛擬性,因此讓使用者了解產品,並對其產生信任的關鍵要素便是互動。

第五部分　WeChat 行銷：微言大義

第 11 章　WeChat 的獨特功能

說到通訊軟體，使用者可能表現得不屑，因為他們潛意識裡認為，各類產品差別不大，使用哪一種都可以！這時候，品牌便失去了競爭力，WeChat 之所以能夠保持使用者高速增長，很大原因是擁有強大且難以複製的功能。

很多軟體都可以進行文字和語言對話，但是無法開啟影片模式，或是開啟影片模式需要耗費很多流量，WeChat 剛好做到「揚長避短」，既把產品設計得非常簡便，又涵蓋了很多內容，更重要的是，使用者僅需「一點點」流量，就可以做到溝通無障礙。

不少溝通軟體將使用者局限在「認識的人」當中，而 WeChat 則給使用者更多了解陌生人的機會，不僅可以選擇對方的地理位置，還能找到同一時間在線上的人，也就是說，使用 WeChat 能在任何時候找到「說話的對象」。

正因為生活壓力日益增加，大家就更希望過簡單的生活，同時也要滿足自己的需求，WeChat 使用者在短時間裡激增的另一個原因，就是新增好友非常方便。最初，它可以透過手機通訊錄增加好友，對任何人來說，與熟人在另一個平臺建立互動，非常有意思，這就是 WeChat 使用者發展的基礎。

第 11 章　WeChat 的獨特功能

後來，又新增了「QQ 好友」，這是強化關係的過程，即便可以互相加了 WeChat，騰訊依然覺得使用者的「朋友圈」可以擴大，所以又增加了一些「找朋友」的方法。

我們回頭看 Facebook，它是一個強迫實名的社交網路，正因為新增好友需要進行驗證，所以使用者數量無法和 WeChat 相比。

想要吸引使用者，WeChat 還有很多「妙招」，例如，透過「搖一搖」的方式，找到在同一時間做相同動作的人，證明對方也想找朋友；同時，投入「海中」的「漂流瓶」能夠被很多人撿到，使用者的社交圈就能在短時間內被擴大。

做到產品不被取代，就要擁有其他產品所缺乏並且非常好用的功能，才會吸引使用者的目光，當使用者體驗感增強，就會推薦給身邊的人，使用者數量的增加，帶來的商機是無可限量的。

商業活動從此開始

網際網路產品的誕生，不僅滿足了人們溝通的需求，還為商家和客戶搭建了訊息分享的平臺，讓使用者在最短時間裡獲得更多資訊，即時找到他們想要的產品，同時，還能獲得一定程度的優惠，是買賣雙方的雙贏。

任何企業都可以利用網際網路資源擴大知名度。例如，

很多企業在社群平臺上公布經營狀況和理念,透過多角度解讀,牽引出與產品有關的訊息,引起使用者注意。網際網路本身存在的虛擬性會導致客戶缺乏安全感,當商家詳細說明企業情況後,便容易打消客戶的疑慮,簡單地講,就是化無形為有形。

Zappos 是美國最大的網路鞋店,它透過社群媒體平臺傳播公司的理念;同時,星巴克公司也加入了社群平臺,並表示「星巴克更加關注人,而不是咖啡」,這樣的理念讓很多消費者接受,從心底感到溫馨。不少管理者認為:網際網路非常適合溝通。例如,社群平臺很適合輕鬆的談話氛圍,對任何一個想參與談話的品牌而言,都是很好的選擇。

網際網路產品可以協助企業新產品發表和推廣,這就是很多企業在社群平臺上先行推廣的原因,使用者只要動動手指,就能獲得最新一季產品的諮詢。從商家的角度而言,適當地在網際網路上發布產品,並且透過創意十足的方式呈現,是增加對方興趣的方式。

有了關注產品的人,就要對其進行管理,可以根據使用者的性別、年齡、工作和愛好等,將他們分類,不妨給他們「貼上標籤」,定期寄送郵件。

微行銷的高明之處,就是將產品的售前與售後工作全部「搬到」網路上,如果是一家企業社群帳號,肯定會有客戶或

第 11 章　WeChat 的獨特功能

是潛在客戶向你諮詢產品，這說明對方對此很感興趣，為了留住客戶的「興趣」，不妨把原先企業內部的客服部「搬到」網路上來，這也是降低成本的方法，因為一個帳號可以同時接待多個客戶的諮詢，這種交叉服務的方式，大大降低了人力成本。商家也可以把促銷活動搬到網際網路上來，因為這裡存在更多潛在客戶，透過打折、抽獎或是贈送試用品等活動，吸引他們注意，且只需要花費較少的成本，因為訊息一出，使用者們就會爭相「轉發」或是「分享」。

由此可見，商家把銷售活動放到網際網路上，雖然減少了與客戶面對面交流的機會，卻能透過創意無限的活動和有趣的策劃，令對方喜歡你的產品，為銷售打下基礎。

遊戲競賽吸引目光

作為大眾共享的訊息平臺，網際網路能夠以其獨特的方式，將使用者們集結起來，如果商家策劃出豐富有趣的活動，更能有效推廣產品。

公益活動通常會引來不少明星參與，正因為「公益」是全社會都關注的活動，加之公眾人物的助推，將獲得很廣泛的效應。同時，「公益」也是非常敏感的，所以要特別注意細節的處理，例如，資訊簡短明瞭、真實可靠、有條件的情況下要提供相關證明……總之，想要讓更多使用者參與，必須與

第五部分　WeChat 行銷：微言大義

他們建立起信任關係。

在網際網路平臺新增促銷活動也很必要的，某段時間，某女性入口網站就發布了一則促銷活動訊息，利用俏皮的幽默語言，吸引更多人參與活動。

如今，網路上有不少「五花八門」的抽獎活動，在吸引使用者的同時，也能給予對方一定優惠，抽獎的人越多，就會把訊息傳遞給越多的人。在進行抽獎活動的時候，方式和規則必須清楚、嚴謹，以便整個活動在平穩的狀態中有效進行，並且要注意獎品數量、中獎比例和活動時間等問題，避免引起使用者的猜疑。

此外，競賽活動在社群平臺也很常見，其形式和公益、促銷活動很類似，但是有一些區別。

首先，要設計一份有創意的策劃，舉辦競賽的目的？要利用哪些題材？活動對象是哪些人……先將大範圍定好，再進行詳細的安排。

想要用競賽吸引人，就要以近期發生的事情為「主題」，例如，某品牌曾在情人節做過一次名為「默契大考驗」的競賽，將比賽時間定為情人節前一天（不影響情侶們當天出去慶祝），在規定時間裡，參賽者透過網路回答主持人的問題，正確率最高者，將獲得比賽獎品。而這個獎品，就是品牌旗下新產品。

第 11 章　WeChat 的獨特功能

其次，要注意活動的評分細則，既然是比賽，大家都盯著是否公平，不妨把評分機制公布出來，並且讓使用者監督，這也是讓廣大使用者參與的有效方式。

很多商家為如何選擇評委而煩惱，其實，商家可以將專業評委和大眾評委結合，因為這並不是一次很正式的比賽，商家意在宣傳品牌，所以既不能過於正式，也不能讓比賽結果毫無根據。

還有，競賽作品的評比也值得商家思考。雖然評比工作很繁瑣，商家也要尊重參賽者的辛勤投入，本著「公平、公正、客觀」的原則，認真審核參賽者的作品。如果數量過大，不如先將它們分類，然後再討論作品優秀與否。

比賽結束後，商家可以在徵得選手同意的前提之下，公布比賽獲獎名單及其作品，這也是向使用者展示公司對比賽的重視程度。

很多商家還會在「頒發獎品」上玩花樣，如果只是「默默無聞」地寄出了禮物，除了獲獎者本人外，還有誰知道呢？不妨先告知獲獎者：禮物會在 3 至 7 天寄出，然後「故意」與他們核對地址或是其他個人訊息等，這麼「高調」是為了吸引其他使用者的注意。

無論是遊戲還是競賽，都是為了吸引使用者的關注，目的都是想讓他們購買產品，所以任何動作都要圍繞品牌進

行,同時在細節上下工夫,也就是說,每當使用者關注任何一個細節,都能被品牌影響力所感染。

線下活動增加交流

很多企業將線下活動當成另一戰場,把線下交流和線下活動結合起來,有助於鞏固活動效果。

舉辦線下活動依然需要很明確的目標,意在傳播企業形象,擴大品牌影響力,並推廣企業新研發的產品,還需要加強企業與客戶的連結,而這一切都是在擴大本企業的知名度。線下活動分為很多種:把企業近期重要活動「呈現」在使用者眼前,介紹新產品,或是透過活動將試用品分發出去?透過線下活動集結客戶,進行交流分享和感謝會?企業所屬領域的論壇或是聚會?企業或是部門各類慶祝活動?企業年會或是大型活動?將線下活動看成線上活動的延伸,將其分成不同類別進行,例如,新浪微博將線下活動分為同城、線上和有獎活動三大類,同城活動指有具體時間和地點的「聚會」,讓大家有面對面交流的機會。

雖然舉辦方式一樣,但商家依然可以用不同形式呈現,值得一提的是,越新穎的活動越受到大家的歡迎,如舉辦座談會和聯歡會等,活動形式多樣化是吸引客戶參加的重要因素,有些人注重內容、有些人樂於享受活動帶來的感覺、有

第 11 章　WeChat 的獨特功能

些人比較隨意⋯⋯在活動經費允許的情況下，也可以考慮請名人到場，增加活動的氣氛。

除了談話交流，還需要在活動現場準備一些小禮物和試用品，也可以設計抽獎活動，對於參與者來說，都具有極大吸引力。

想要讓活動發揮應有效果，必須控制參與者的「背景」，例如，社群平臺通常對發起活動的條件有所規定，例如發起者必須同時滿足這些條件：上傳清晰的個人頭貼、粉絲數量十人以上、發布貼文數量超過 5 條等等。

當然，主辦方也要邀請客戶參加，邀請的方式有很多種：線上直接邀請、透過信箱⋯⋯商家可以根據實際情況選擇不同的邀請模式。

雖然舉辦線下活動能夠促進品牌推廣，但是如果管理不好，也會存在問題。商家應當隨時了解參加活動的人，以及活動準備和進行情況，以免中途出現問題，影響了整個活動進行。

值得一提的是，商家不能忽略了對參與者身分的「認證」。簡單地說，要確定所有報名的人都已安排妥當，以免出現人員遺漏的情況。

除了線上活動，線下活動也是吸引使用者參與企業活動的重要方式，正因為其特殊性，所以更需要主辦單位審核身分，有效管理，才能保證活動帶來預期效果。

■ 第五部分　WeChat 行銷：微言大義

第 12 章
從新手到高手的 WeChat 修練

想要讓 WeChat 成為傳播企業訊息的重要途徑，首先要把自己從「菜鳥」練就成「資深」玩家，把 WeChat 變成行銷工具，不能只是會發訊息和發圖片，還得掌握一定的技巧：

技巧一，設計鮮明的頭像。

頭像好比商店的「門面」，讓客戶在第一次看到它的時候，就產生深刻的印象，一般草根的頭像都很有個性，有些則非常誇張，而企業頭像必須穩重些，才能讓客戶「放心」。最常用的就是企業 Logo、名稱、商標和建築物等，目的就是為了讓客戶一眼看出這是哪家企業。

技巧二，利用好「簽名」。

透過 WeChat，可以找到「附近的人」，使用者可以查詢自己所在地附近的 WeChat 使用者，系統除了顯示附近使用者的名稱外，還會顯示對方的個性簽名，商家為何不利用這個為企業做宣傳呢？這簡直是免費的「廣告招牌」。

技巧三，行動條碼也是商機。

如今，大家都在宣傳自己的行動條碼，目的是推廣自己

的社群帳號,正因為使用者可以透過辨識行動條碼身分來新增好友、追蹤企業朋友,所以商家可以透過設定自己企業的行動條碼來吸引使用者關注,成功開啟 O2O 的行銷模式。

技巧四,開放平臺。

正因為 WeChat 是個開放的平臺,所以應用開發者可以透過 WeChat 開放的介面,讓第三方應用接入,還可以把應用的 Logo 放到 WeChat 的附件欄目中,目的是讓 WeChat 使用者方便地在對話中使用第三方應用,並且進行內容選擇和分享。

技巧五,神奇的「漂流瓶」功能。

這個功能涵蓋了很多內容:扔瓶子,即使用者可以選擇把文字訊息或是語音訊息投入大海中,如果被其他使用者撈起來,就可以展開對話;撿瓶子,即去海裡把人家「丟」的瓶子撿起來。企業可以透過這種方式傳播訊息,雖然每天「扔瓶子」和「撿瓶子」的機會只有 20 次,但是你丟一個瓶子出去,可以同時被很多人撿到。

技巧六,寫廣告不如說廣告

常常打字,使用者也會覺得厭煩,使用影片又會耗費很多流量,既然如此,透過 WeChat 發送聲音訊息,是很多人的理想方式。

技巧七，使用 WeChat 官方平臺。

近期，WeChat 開放了官方平臺，真所謂「毫無門檻」可言，無論企業還是個人都可以用一個 QQ 帳號，製造自己的 WeChat 官方帳號，並且在該平臺上和特定群體全方位互動。善加利用 WeChat 的交流功能，有利於把企業訊息傳遞給使用者，當然，前提是你可以熟練操作。

掃神奇行動條碼，掌海納百川訊息

想要利用行動條碼為企業做宣傳，首先要了解什麼是行動條碼，它有哪些用途？騰訊公司研發的特殊行動條碼，配合 WeChat 的查詢與新增好友方式，能準確讀出對方訊息內容，受到很多人歡迎。

行動條碼是由特定幾何圖案構成，上面排列著黑白相間的圖形，並按照一定規律呈現出來，用於記錄數據符號資訊。當你看到一個行動條碼，可以透過特定的掃描方式，獲得對方資訊，對象既可以是個人，也可以是商家。

相較於傳統企業的單一化經營方式，如今很多商家開始利用社群平臺拓展行銷通路。根據一份調查顯示，在中國的一線商圈中，超過一半的手機使用者裝有 WeChat，這是商家不應錯過的良機。

由此，電子會員卡的產生，為傳統企業創造了新的業務

第 12 章　從新手到高手的 WeChat 修練

模式，利用行動條碼，將經營數據與實際工作結合，更能妥善運用數據資料。

行動條碼結合社群平臺的訊息傳達能力，形成高品質的關係鏈，大幅度推動企業發展，有管理者說：「使用者掃了行動條碼之後，都有可能成為企業的潛在客戶。」

行銷的目的是推廣企業品牌，品牌就像商家的「名片」，傳統思路中，名片是呈現在客戶眼前的東西，而在網際網路日益發達的今天，商家可以將社群平臺作為一種溝通的媒介或橋梁，其效益遠超過分發實體名片帶來的效用。

當商家申請了社群帳號後，緊接著就要在原本的名片設計上，新增企業的行動條碼圖案，並且在旁邊備註，這個帳號代表哪家公司，別人就可以透過掃行動條碼新增你為好友了。

企業除了要關注自己的行動條碼，還得關注其他人的行動條碼，尤其是重要客戶，讓對方產生被尊重的感覺。商家是少數，而「圍觀」的客戶卻有很多。試想，假如你是客戶受到商家的「關注」，肯定會產生一種被重視的感覺，就好像自己是 VIP，能夠接受一對一的服務。

當然，企業關注他們的客戶，也需要花費時間，不如在對方關注你之後，馬上「掃一掃」對方的行動條碼，並且加對方為好友，也可以在這個過程中，寫一點留言給他們，讓客戶感受到商家的誠意。

小小的行動條碼，卻涵蓋了豐富的內容，企業要以正確的方式，儘快將行動條碼呈現在客戶面前。然而，如何讓更多人得知企業的行動條碼呢？使用社群平臺的人不一定會主動掃企業的行動條碼，但如今的行動條碼可以透過各種網路平臺、通話軟體對話方塊傳送，這就方便多了，商家可以透過「群發」，或者在其他網際網路產品中發布企業的行動條碼，使用者只要「掃一掃」就可以獲得對方的資訊了。

正因為行動條碼中涵蓋大量的內容，企業不僅能讓使用者發現自己，還能藉機尋找合作機會等。善用行動條碼，是商家吸引客戶的另一個祕訣。

春節「搶紅包」，搶的到底是什麼？

2014年的春節，「搶紅包」成了新的熱門詞彙。春節發紅包本來是傳統習俗，紅包的重點並不在於裡面有多少錢，而是展現一種祝福。但隨著時間的推移，紅包變得越來越功利，以前代表吉利、祝福的紅包，如今卻成為「紅色炸彈」，成為很多人的新年負擔。

而在2014年春節，隨著「WeChat紅包」的面世，「紅包」在網際網路時代被重新演繹，為人們帶來新年的喜悅，而非負擔或比較。

第 12 章　從新手到高手的 WeChat 修練

獨特的產品設計

第一，趣味性

在 WeChat 紅包中，使用者每天包出的紅包最多只有 8000 元。使用者在設定了一定的金額和人數之後，WeChat 就會將固定的金額按照設定人數進行隨機分配，每封紅包的金額在 0.01 到 200 元。雖然 WeChat 也有一對一的普通紅包，但前者顯然更受使用者的喜愛。

每當有使用者在 WeChat 群組裡發出 WeChat 紅包時，都會迎來群組裡親友們的瘋搶。雖然搶到的紅包裡，可能只有幾毛錢甚至幾分錢，但在春節的喜悅氣氛中，有多少人在乎搶到了多少錢呢？大家搶的其實只是一種喜慶和快樂，而這也正是過年最重要的元素。

隨機的紅包金額，讓每位使用者都想將此作為自己 2014 年運程的一種測試。即使僅有「可憐」的一分錢，使用者也不會感到不開心。因為在大家的「瘋搶」中，能夠搶到紅包，就已經是一種幸運。一般來說，發紅包的人都會選擇差額發放，群組裡有十個人，他們最多只會包出九份紅包。WeChat 紅包的「搶」字，讓大家欲罷不能，希望能夠搶到新年的財氣。在這之後，搶到紅包的人會炫耀，沒搶到的人也會表示祝福，而這種互動的社交過程也讓大家樂此不疲。

第二,簡潔性

WeChat 紅包搭載在 WeChat 平臺中,其產品設計也如 WeChat 一樣,十分簡潔。無論是哪個版本的 WeChat,其產品設計都十分簡潔,讓使用者體驗更方便。而 WeChat 紅包也是如此,使用者透過 WeChat 發紅包時,只需要點選「我要發紅包」,輸入金額、人數和祝福語,即可用 WeChat 完成支付,將其發到 WeChat 群組中。方便、簡潔的操作,讓很多老年人也能夠體驗到行動網路時代的樂趣:「從沒這樣瘋狂地抱著手機玩過,像小孩子找到了心愛的玩具。」2014 年,北京的王先生驚訝地說道:「以前比較傳統和保守,對新事物不太感興趣,沒想到自從手機安裝 WeChat 後,我就迷上了這個,在群裡和老同事聊天、開玩笑,把他自己的書法作品拿上去展示,這幾天正樂此不疲地收發 WeChat 紅包,簡直比年輕人還樂在其中。」

與阿里巴巴的競爭

根據 WeChat 官方統計數據顯示:「除夕夜參與紅包活動的總人數達到 482 萬人,最高峰出現在零點時分,瞬間高峰值達到每分鐘 2.5 萬個紅包被拆開。截至除夕夜,平均每個紅包 10.7 元,一位網友搶到了 869 個紅包,位居首位。」

騰訊、阿里巴巴和百度被稱為網際網路時代的中國三大公司,而近幾年來,騰訊和阿里巴巴之間的競爭更加激烈。

第 12 章　從新手到高手的 WeChat 修練

隨著 2013 年「餘額寶」的推出，阿里巴巴掀起了中國網際網路金融大戰的帷幕。而在這一市場中，騰訊的戰績卻實在有些可憐。

針對網際網路金融時代的大環境，騰訊推出了 WeChat5.2 版本，希望以 WeChat 支付功能作為自己在網際網路金融市場的突破點，而 WeChat 超過 6 億的使用者規模，以及其強大的社交屬性，也是騰訊有望在這次競爭中扳回一局的關鍵所在。

WeChat 紅包事件作為一次微行銷，其效果十分明顯。WeChat 作為一款社交軟體，其在中國行動網路市場的地位更加鞏固，而最為重要的是，在網際網路金融時代，WeChat 紅包雖然強調的是娛樂性，但既然是紅包，就離不開金錢的進出，WeChat 支付也就順勢融入其中，得到了一次「免費」推廣。WeChat 紅包的流行，讓騰訊在網際網路金融市場邁開了一大步，而馬雲更是將 WeChat 紅包的行銷比作「珍珠港偷襲」。

WeChat 買基金，善用網際網路金融

自從阿里巴巴推出餘額寶之後，網際網路金融就成為網際網路市場競爭的另一大熱點。而作為「開創者」，阿里巴巴自然在網際網路金融市場有著無可比擬的競爭優勢，網際網路企業的另一大公司——騰訊，自然不會容忍阿里巴巴的一家獨大。

第五部分　WeChat 行銷：微言大義

在行動網路時代，騰訊最大的競爭優勢就是擁有 6 億使用者的 WeChat，騰訊自然不會對此視而不見。2014 年 1 月 22 日，騰訊與四家基金公司展開合作，在 WeChat 上推出了自己的金融理財開放平臺──理財通。

透過 WeChat 買基金，相較於餘額寶來說，有四個優勢：

優勢一，收益誘人

理財通一推出，其收款基金產品 7 日年化報酬率就達到了 7.39%！這款貨幣基金產品，憑藉著高昂的收益，贏得了眾多投資者的喜愛。而其他三家基金公司的產品也正在與 WeChat 進行洽談，屆時使用者將可自主選擇購買基金產品。

而為了吸引更多的使用者透過 WeChat 購買基金產品，WeChat 還投入了千萬現金紅包作為獎品。2013 年 1 月 22 日，WeChat 宣布：「凡是體驗理財通業務的使用者，均有機會獲取 5 至 5,000 元的限量紅包大禮，紅包共計 450,000 份。」

在這樣高收益和現金紅包的刺激下，理財通一上線，就有大量的使用者湧入，其銀行支付甚至一度出現「塞車」，現金紅包的發放不得不延期。

優勢二，使用便捷

使用者透過 WeChat 購買基金時，只需要進入 WeChat「我的銀行卡」介面，按照提示綁定一張銀行簽帳金融卡，透過

認證並設定支付密碼之後,就可以進入理財通購買基金產品了。根據理財通的提示,使用者單筆存入額度最高可達 5 萬元,使用者在輸入自己需要購買的金額和支付密碼之後,只需幾秒鐘就能夠完成購買。理財通也會隨即顯示出使用者購買的基金總金額,到了第二個工作日,理財通就會為使用者計算收益並顯示在介面中。

使用者將資金存入理財通,就相當於購買了一份貨幣基金,每天獲得的收益能夠達到銀行活期利息收益的 14 至 18 倍。而且,理財通的收益每天都會被計算,並將其計入本金,形成複利收益。更為便利的是,理財通的使用者可以透過 WeChat 隨時提取資金。

優勢三,資金安全

使用者透過 WeChat 購買基金產品,不需要支付手續費,但資金必須原卡進出,而且不能用於消費,也不能轉出到其他金融卡。

業內相關人士分析:「理財通的資金是原卡進出,即使用者透過本人的一張金融卡購買基金,取回資金也是返回到同一張金融卡,不能用於消費或轉出到其他的金融卡。這將極大地降低理財通帳號資金被他人轉走的機率,保障使用者資金的安全。」

除此之外,負責理財通的騰訊第三方支付平臺——財付

通，還與保險公司達成了策略合作，如果使用者的理財通帳號出現了被盜、被騙等損失，經考核為財付通的責任後，保險公司會為其全額賠付。

與此同時，理財通還引入了第三方投資顧問機構——好買網，為基金公司和基金產品做出中立的評價，便於使用者根據自身的需求，選擇更適合的基金產品。雖然目前理財通平臺在售的基金產品只有華夏基金，但其他三家基金公司的產品也會陸續進入，屆時，使用者就能夠透過 WeChat 購買到更多、更高收益、更安全的基金產品！

優勢四，服務齊全

由於 WeChat 的社交平臺屬性，基金公司能夠透過開通 WeChat 帳號，為使用者提供更多的服務，便於為使用者查詢資訊、購買基金等服務。

易方達基金就在 WeChat 上推出「易方達微理財」服務帳號，並提供「微理財」功能。使用者可以透過 WeChat 來才進行易方達旗下全部基金產品的申購、贖回和查詢等操作，而且過程十分流暢和快捷。

易方達基金早在 WeChat 推出不久，就設立了「易方達基金」官方帳號，這次更新為「易方達微理財」服務帳號，透過「查詢與交易」、「資訊中心」和「金錢包」三個子選單，使用者能享受到更完整的服務。

第 12 章　從新手到高手的 WeChat 修練

WeChat 正在成為越來越多企業行銷的必爭平臺，早在網際網路金融還未熱絡之時，許多金融企業便已經進駐了 WeChat 平臺。現在，使用者能夠透過 WeChat 購買基金，基金公司更是不遺餘力地完善自己的 WeChat 服務帳號，為自己的產品做更高效的推廣。

微電影及微影片 —— 行銷熱區

從古至今，對每個人來說，婚禮都是人生中不可或缺的大事，婚禮在人生中也具有其里程碑式的意義。

然而，籌備一場婚禮並不是一件簡單的事，全家人都要為此勞心勞力。尤其是在這個年代，有些年輕人更看重婚禮儀式和排場。婚慶公司如何抓住這樣的市場機會，吸引大量的客戶，切下最大的一塊蛋糕呢？將微行銷與婚慶結合在一起的「微婚慶」，將為婚慶公司提供一個行銷思路。

「微客來」一直專注於微行銷行業解決方案，根據各行各業的需求，開發行業解決方案，透過更新企業社群帳號，幫助企業發展 O2O 互動的微行銷。而針對婚慶公司企業，微客來則推出了微婚慶功能，將產品介紹、人氣團購、作品展示和店長推薦等內容，融入到企業社群帳號，從事婚紗攝影、婚禮策劃等業務的企業，能藉由社群平臺呈現品牌形象，吸引客戶。

第五部分　WeChat 行銷：微言大義

　　婚慶公司在採用微婚慶行銷後，就可以開發出電子喜帖、祝福牆、微相簿和婚禮影片等一系列功能，為婚禮酬辦方和受邀方提供更便利的執行方式。

　　透過發送電子喜帖，酬辦方的喜帖送達率得以大幅提升，畢竟，因為出差、旅遊和地址變更等因素，實體喜帖的送達率往往較低，而手機則是大家生活必備的工具。另外，收到電子喜帖之後，受邀方也不用擔心喜帖遺失，或是遺忘婚禮舉辦地址、時間訊息等尷尬情境。透過微喜帖，客戶可以隨時向親友們發布自己的結婚動態，附上結婚日期、地址和電話，甚至能夠為親友提供導航和接待電話，讓親友們能夠即時了解自己的結婚動態。

　　在婚禮舉辦之前，微婚慶也可以為客戶開發一道祝福牆，讓客戶的親友參與，在祝福牆上寫下祝福，為婚禮預熱，讓婚禮在浪漫和溫馨的氣氛中舉辦。

　　每當舉辦完婚禮之後，有很多人向「新人」要照片或影片，造成了「後婚禮」的繁忙。而有了微相簿、婚禮影片功能之後，客戶就可以直接將照片、影片上傳到微婚慶平臺上，方便親友們檢視和下載。

　　微婚慶通常面對的是較高收入的婚禮客戶，透過搭配 WeChat 官方微網站，讓客戶成為自己的粉絲，主動查詢婚慶公司的最新活動和優惠；再以 WeChat 為平臺，讓婚慶活動

第 12 章　從新手到高手的 WeChat 修練

顯得更加「高級、貴氣、品味不凡」，讓客戶體驗到更優質的婚慶服務。

另外，當前市場上有很多 WeChat 行銷平臺，可以實現第三方託管，如微舍等，更有助於企業善用社群行銷。

■ 第五部分　WeChat 行銷：微言大義

第 13 章　掌握 WeChat 行銷先機

WeChat，這是瘋狂而讓人著迷的社交軟體，在微行銷時代已經展現出巨大的優勢，創造出龐大的經濟價值。要想掌握微行銷，WeChat 行銷是繞不過去的一座山。放眼當下的微行銷平臺，除了微博，WeChat 日益成為中國最大的微行銷平臺。隨著 WeChat 開發功能的逐漸完善，包括九大介面等，是每一個微行銷人迎接的機遇和挑戰。在行銷的路上，要想把握住先機，就必須將 WeChat 把玩在手中，點讚、轉發和推送一個都不能少。

WeChat 行銷關鍵

WeChat 行銷日漸熱絡，越來越多的企業將 WeChat 行銷作為行銷策略的重要成分。時至今日，使用者開啟 WeChat 之後，幾乎可以實現一切想要的功能，查詢資訊、選購商品和進行支付……

WeChat 行銷究竟有著怎樣的優勢，才能讓眾多企業對之趨之若鶩呢？

第 13 章　掌握 WeChat 行銷先機

查詢快了，更精確了

微行銷發展至今，越來越多商家開始利用 WeChat 平臺推廣企業品牌，並且獲得更好的利潤，而這些都要歸功於 WeChat 能夠實現「精準」查詢目標和快速讀取訊息，我們不妨來分析企業 WeChat 是如何做到「精準」的。

第一，企業 WeChat 平臺從不騷擾使用者，而是提供服務

很多人討厭傳統廣告，認為它們在沒有得到觀眾允許的情況下，將資訊一股腦地塞給他們，其中很多是客戶不需要的，是一種「擾民」行為，把客戶不需要的東西送給他們，反而會引起客戶的反感。

而 WeChat 在這方面處理得非常好，因為官方帳號不會主動新增個人使用者，使用者想要新增官方帳號，必須使用手動方式，既然人家願意新增你為好友，說明他肯定很中意這個企業，這就不算是騷擾了，一段時間以後，如果使用者覺得這個平臺提供的產品不好，可以自行刪除，不會再接收相關資訊了。

第二，企業或是網路商店可以藉助 WeChat「關心」客戶，推廣行銷，拓展品牌傳播通路

「官方帳號」的盛行，不僅滿足了企業發布消息的需求，也讓 WeChat 使用者實現「掌中」資料庫的願景。不過，想要利用 WeChat 官方平臺進行行銷的前提，是企業已經獲得了

很多粉絲的關注,這便帶給企業「前提式」的行銷難題:如何推廣官方帳號?企業需要用更多精力和成本進行客戶背景分析、分類、維護和梳理工作。透過微博群、行業網站或是各大論壇使用者匯入:在這些平臺上聚集的人,都存在共同屬性,或是有共同愛好,對某個行業的產品很有興趣,這些都可以從他們在網際網路上的表現看出來。如果商家在此推廣官方帳號,便能提高精準度,並在短時間內取得較好的效果。把傳統方式和新型媒介結合起來:如今,很多人放棄了發宣傳單、張貼海報和印刷名片等方式,商家可以把 WeChat 官方帳號和行動條碼印刷在上述傳統媒介上,特別是在線下實體活動中,這是讓使用者直觀體驗的最好方法。

麻煩少了,方式多了

商家選擇微行銷的另一個原因,就是它能夠準確定位你需要的東西,避免資源浪費,當「麻煩少了」、「方式多了」,企業才有更多精力做好各種行銷活動。當商家擁有了很多粉絲後,還需要舉辦一些活動來鞏固粉絲數量。

第一,在恰當的時間發布訊息

例如,早上 8:00,中午 12:00 或晚上 6:00 至 8:00,是使用者最有可能閱讀訊息的時間,不妨選擇一個時間段發一則訊息,避免過度頻繁發送訊息而讓使用者反感。這就需要商家在了解使用者習慣的基礎上進行管理,為前期準

備工作提供了非常精確的方向：商家要了解關於使用者的哪些內容？如何對使用者進行管理和分類？

第二，內容必須「精耕細作」

官方帳號上公開的消息，應當是客戶需要的，可以涵蓋生活服務、娛樂風尚等，但要注意語言應該簡練，並且能充分表達想法。沒有「營養」的內容和純粹的廣告，只會令使用者反感，甚至會刪除該官方帳號。在滿足使用者需求的基礎上，商家不妨用更新穎的形式呈現內容。目前，不少商家的官方平臺，還能實現二次開發的擴充應用，令該平臺更靈活，他們運用文字、影片和音訊等方式將訊息推送給使用者，極大地滿足了粉絲的好奇心，增加行銷活動的趣味性。

第三，加強官方平臺與使用者互動

不妨透過自動回覆等方式，讓平臺更具有趣味性，也可以設定一些俏皮的問答題，讓使用者在輕鬆的氣氛中與商家溝通。不要把 WeChat 官方平臺看成是非常嚴肅的媒介，否則無法令使用者產生興趣，可以多和使用者「玩遊戲」，而不是把訊息硬邦邦地推給他們。

成本低了，效率高了

商家非常看重「效率」和「利益」，越來越多的企業選擇 WeChat 行銷，這種方式很「穩定」，能夠讓企業營運在低成本的狀態下，同時實現高效率，不妨看看下面的分析：

第五部分　WeChat 行銷：微言大義

第一，具備精益求精的內容

利用 WeChat 行銷，最看重內容與題材，如果內容不精彩，怎麼能吸引使用者目光呢？其實，設計一段引人注目的文字，或是一段創意無限的影片，都可以在低成本的情況下完成，雖然不及舉辦活動那樣華麗，但卻能拉近人與人之間的距離，讓使用者在輕鬆愉快的氣氛下享受商家提供的服務，最終實現銷售。

第二，快樂行銷是重點

在 WeChat 行銷中，要特別注意客戶的心理狀態，商家首先要有端正而良好的心態，再將使用者融入企業活動中。其實，令使用者快樂並非難事，只要注意語言的表達和圖片、影片、音訊效果的配合，就可以把使用者帶入輕鬆的氣氛中。從這個角度來看，快樂行銷並不需要花費很大的成本，只需要善用文字和圖片，一旦使用者願意與企業互動，就說明此種方式是成功的。

第三，最重要的是互動

如果網際網路產品缺少互動，就會像一潭死水，因此要經常舉辦線上和線下活動。WeChat 行銷不像實體店面必須先租用場地、僱用相關人員和打廣告等，作為網際網路產品，WeChat 可以線上發布訊息，並且用較低的成本完成線上活動。至於線下活動，需要相對較多的經費，但是比起傳統行

第 13 章　掌握 WeChat 行銷先機

銷活動,已經節省很多,且會帶來更廣泛的效應。

可見,WeChat 行銷「精、準、穩」的特性,能夠用最低的行銷成本,為企業客戶帶來最高的行銷效率,這也是網際網路特有的優勢。商家若能善用此優勢,必能獲得更多的經濟效益。

抓住 WeChat 官方平臺九大介面,接入行銷

WeChat 行銷已甚囂塵上,眾多企業透過自己的 WeChat 官方帳號,進行價廉而高效的行銷,吸引大量 WeChat 使用者。

2013 年 11 月,WeChat 官方平臺正式向官方帳號免費開放九大介面,包括語音辨識、客服介面、OAuth2.0 網頁授權、生成帶引數行動條碼、獲取使用者地理位置、獲取使用者基本資訊、獲取追蹤者列表、使用者分組介面以及上傳下載多媒體檔案等,藉助這九大介面,企業將可以藉助 WeChat 平臺,開發出自己的「智慧客戶」,為使用者提供個性化訂製的精準服務。企業應如何利用 WeChat 的此次「大改版」呢?

第一,語音辨識

語音辨識介面對應的就是 WeChat 的最基本功能 —— 語音聊天,使用者可以發送語音,並被辨識為文字內容。

語音辨識是 WeChat 自主研發的一項技術,普通使用者

在不方便接聽語音訊息時，可以將之轉換為文字訊息處理。而對於入駐 WeChat 平臺的第三方企業而言，當 WeChat 放開語音辨識介面，企業就可以利用語音辨識技術，將使用者發送的語音訊息轉換為文字訊息，透過辨識關鍵詞，進而對其更妥善的處理。

第二，客服介面

透過客服介面，使用者發送訊息後的二十四小時內，企業官方帳號得以回應使用者。

這個介面的開放看似沒什麼實際用途，但在過去，WeChat 官方帳號只能被動響應，也就是說，唯有當使用者透過發送關鍵字訊息觸發需求後，企業官方帳號才能做出一次回應。但當客服介面開放後，一旦使用者與企業官方帳號進行過一次對話，企業官方帳號就可以在二十四小時內，「隨心所欲」地向使用者發送訊息。透過合理利用這一介面，企業在 WeChat 行銷的過程中可以變得更主動。

第三，OAuth2.0 網頁授權

OAuth2.0 網頁授權介面是一種帳號授權功能，透過 OAuth2.0 網頁授權，企業官方帳號可以請求使用者授權。

帳號授權到底是如何運作呢？現在越來越多的網際網路企業正在使用這種功能，比如微博、QQ 等。在比較冷門的網站，使用者可以不註冊新帳號，直接使用其他社群平臺的

帳號授權，透過已有的帳號登入網站。而當 WeChat 開放了 OAuth2.0 網頁授權後，WeChat 帳號也就正式成為了一個獨立的帳號系統，有了這個介面，企業官方帳號在與使用者互動時將更加便利。

第四，生成帶引數行動條碼

在此介面開放之後，企業官方帳號就可以獲得一系列攜帶不同引數的行動條碼，提供使用者掃描。

這個介面開放的意義又何在呢？在以前，企業官方帳號通常只有一個行動條碼，在進行推廣時，無論是官網、微博，還是線下，企業都只會提供這一種行動條碼。但使用 WeChat 該介面後，企業可以生成各種攜帶不同引數的行動條碼，官網一個、微博一個、線下每個業務員都有一個……如此一來，企業就可以分析出關注使用者源自哪種行銷通路，進而對此進行數據分析，改善行銷策略。而在實際的使用過程中，企業可以為這些引數設定更加細節的資訊，從中進行更加完善的資料分析。另外，這一功能同樣可以被用作帳號連結。

第五，獲取使用者地理位置

透過該介面，企業可以在與使用者互動時，獲取使用者的地理位置。

位置資訊在微行銷中的作用逐漸重要，透過位置資訊，企業可以為使用者提供更具針對性的服務。而在 WeChat 開

放了獲取使用者地理位置介面後，企業在獲得使用者同意之後，透過 WeChat 導航或地理圍欄服務，獲得使用者的地理位置。

企業官方帳號獲得使用者地理位置有兩種方式：一是與使用者對話時；二是使用者停留在會話介面時，每隔五秒，系統都會回饋一次使用者的地理位置。

第六，獲取使用者基本資訊

獲取使用者基本資訊是一個非常高的許可權，透過該介面，企業官方帳號可以根據加密後的使用者 Open ID，獲取使用者基本資訊，這些資訊通常包括頭像、名稱、性別和地區等。

有了這樣一個許可權，企業官方帳號就可以在 WeChat 行銷中做到真正的「有的放矢」。在獲取使用者基本資料後，企業就可以將資料收集歸納到 CRM 管理系統中，進而對使用者進行系統化管理，並依靠這些資料完善自己的行銷策略。

第七，獲取追蹤者列表

獲取追蹤者列表是基於獲取使用者基本資訊之上的一個介面，透過該介面，企業可以獲取所有追蹤自己的人的 Open ID。也就是說，只要使用者追蹤了你，你就能得到他的基本資訊！

在該介面還未開放的時候,官方帳號只能被動地為使用者提供服務,既不知道有多少人追蹤自己,也不知道是誰在追蹤。但透過該介面,企業就可以正確衡量自己的官方帳號價值,在使用者關注自己但還沒有提出需求時,就提前做好準備。

第八,使用者分組介面

顧名思義,使用者分組介面就是對使用者進行分組的一種許可權,可以對使用者進行建立、移動和修改分組。

企業在使用該介面時,可以根據自身的 CRM 系統,對使用者進行分組。比如在關注自己的使用者中,有來自微博的,有來自官網的,還有一部分來自某次線下活動的,企業可以將其分門別類,並將線下活的後續訊息發送給相應的使用者,進而使 WeChat 行銷更具針對性。

第九,上傳下載多媒體檔案

在該介面開放後,官方帳號就可以在 WeChat 伺服器上傳與下載多媒體檔案。

在過去,官方帳號也可以透過 WeChat 平臺發送音樂檔案,但在該介面開放後,除了音樂檔案,還可以發布圖片和影片檔案,行銷方式更豐富,為使用者提供多樣化的訊息推廣。

■ 第五部分　WeChat 行銷：微言大義

　　WeChat 本來只是一個單純的社交軟體，但自從 WeChat5.0 版本釋出後，WeChat 就真正地踏上了商業化和平臺化的道路。當 WeChat 放開了這九大介面後，WeChat 行銷的發展也邁出了其實質化的一步。在這樣的契機下，企業官方帳號應合理地利用這九大介面，完善自己的 WeChat 行銷策略。

得服務帳號與訂閱帳號者得天下

　　WeChat 官方帳號分為服務帳號與訂閱帳號兩種，而根據騰訊官方的訊息顯示：「官方平臺服務帳號是官方平臺的一種帳號類型，旨在為使用者提供服務；官方平臺訂閱帳號是官方平臺的一種帳號類型，為使用者提供訊息和資訊。」

　　具體來說，企業服務帳號每月可以發一則群發訊息，而訂閱帳號每天都可以發送一則群發訊息。因此，如果條件具備的企業可以申請服務帳號，而對於一般企業使用者來說，訂閱帳號則更為實用。

　　申請服務帳號的流程較為複雜，而且其要求也相對較高、週期也較長，中小企業很難具備相應的條件，而訂閱帳號的申請流程則較為簡單。

　　當然，服務帳號申請困難，但其所擁有的功能也更強大，服務帳號可以進入開發模式、申請自定義選單，進而為

使用者提供更具個性化的服務,而訂閱帳號則無法進入開發模式,而且其申請自定義選單也更為困難。

因此,考慮到開發成本的問題,訂閱帳號憑藉著簡單的申請流程以及影響巨大的摺疊模式,絕對是每個覬覦 WeChat 行銷者的必經之路。有效經營企業訂閱帳號的技巧有以下九點:

技巧一,善用「閱讀原文」

WeChat 訊息中是無法插入超連結的,而企業要將 WeChat 轉化為自己的流量入口,讓 WeChat 使用者成為自己的潛在客戶,就必須插入自己企業網站的連結。

而在訂閱帳號中,有這樣一個很容易被忽略的小技巧:「閱讀原文」中可以插入超連結。因此,訂閱帳號要善用訊息中的「閱讀原文」,將 WeChat 使用者引導到有自己公司、產品資訊的網站上。

技巧二,設定關鍵詞自動回覆

由於訂閱帳號每天都可以發送一則群發訊息,長此以往,資料庫裡必然會累積很多的訊息,這就為訂閱帳號的客服效率造成了困擾。

訂閱帳號可以為自己發送的每則推送訊息設定一個關鍵詞,比如文章目錄的關鍵詞是「目錄」,《微行銷》的關鍵詞是

「wyx」，如此一來，當使用者發送問題時，就可以根據關鍵詞設定為使用者迅速推送相關資訊，提升客服的效率。

技巧三，二次開發訂閱帳號

想要利用 WeChat 行銷推廣自己的企業或產品，就不能只立足於 WeChat 平臺，必須要對 WeChat 訂閱帳號進行二次開發。

訂閱帳號可以將 WeChat 與企業網站結合，比如使用者發送「企業介紹」時，訂閱帳號就可以將網站訊息推送給使用者。另外，企業也需要建立自己的 CRM 系統，對使用者進行細緻化的管理，為使用者提供更具針對性的服務。

技巧四，圖文訊息不要超過三則

由於訂閱帳號每天只能發送一次群發訊息，有些企業就想要將更多的訊息填充其中。但 WeChat 行銷成功的一個關鍵就在於內容的品質，高品質的內容才會被大量轉發，進而為企業帶來更多連動效應。

因此，訂閱帳號要妥善掌握圖文訊息，如果要推送的重要內容只有一項，那麼就只發一則圖文訊息。另外，訊息中的圖片也不宜過多，圖片在三張以內比較合適，而圖片大小則要控制在 50KB 以下，以免開啟圖片的速度影響到使用者的閱讀體驗。

技巧五,加強互動訂閱帳號

最尷尬的處境就是透過大量的前期宣傳,累積了一定的「粉絲」後,卻看著「粉絲」不斷減少。

其實,「掉粉」是很正常的事。而使用者之所以取消關注,大多是因為訂閱帳號無法提供有效的資訊,成為單純的「廣告平臺」。在每次發布消息時,訂閱帳號必須釐清溝通和推送的對象是誰,需要什麼,這樣才能用良好的互動留住「粉絲」。

技巧六,讓使用者主動關注 WeChat

行銷的一大難題就是如何吸引使用者關注。而訂閱帳號想要在短時間內快速累積大量使用者,就必須依靠其他的輔助行銷方式,比如企業網站、微博、QQ 空間和企業雜誌等,用一切資源宣傳自己的訂閱帳號來贏得使用者的關注。

另外,不要忘記員工的力量。如今,幾乎每個人都有個人的社群帳號,那麼,發動員工去宣傳企業的訂閱帳號,員工的朋友圈也將成為企業的潛在市場。

技巧七,適度模仿

如今經常被提及的一個詞就是「山寨」,「山寨」之所以為人所詬病,就在於其只「山寨」外表,而忽視了內涵。

其實,每個人最好的老師就是自己的競爭對手。要完善

自己的 WeChat 行銷策略，不妨去關注同行們的訂閱帳號，看看他們是怎麼做的，挖掘同業行銷策略的內涵，並基於自身的情況進一步調整。

技巧八，善用「數據統計」

無論是怎樣的行銷方式，都離不開數據。透過對各種數據資料的收集、歸納、處理和總結，企業才能不斷完善自己的行銷策略，而 WeChat 行銷同樣如此。

WeChat 中就有「數據統計」功能，透過該功能，訂閱帳號可以直觀地看到自己的「粉絲量」、「新追蹤」和「掉粉量」等數據；透過檢視「使用者屬性」功能，訂閱帳號還可以了解「粉絲」的基本資料，包括性別和地區等；透過「圖文分析」功能，訂閱帳號也可以了解每次訊息推送的情況，如送達人數、閱讀人數和分享轉發人數等……

技巧九，分組管理

訂閱帳號下的大量「粉絲」有男有女、有來自各地區的……每一個「粉絲」屬性不同，訂閱帳號就要根據自身產品特性，對「粉絲」進行相應的分組管理，為之推送不同的訊息，讓使用者感受到個性化服務的「特權」。

WeChat 行銷立足於 WeChat 平臺，這種行銷方式的本質也如 WeChat 一般，在於社交性的互動，透過傳遞價值來維護老客戶、開發新客戶。如果訂閱帳號只是把 WeChat 當作

宣傳工具，每天定點發送廣告，那 WeChat 行銷也就失去了其意義，最終只會在不斷「掉粉」中退出企業的行銷策略。

「摯友」按讚，快來行銷

「喂，快去幫我按個讚！」

「朋友圈分享 50 個讚可以換港澳雙人遊啦！」

「10 個讚可以換牛奶！」

從 2013 年下半年開始，「按讚」行銷逐漸在 WeChat 平臺中傳播開來，越來越多的企業 WeChat 官方帳號發起活動：只要使用者分享訊息，並累積到規定數量的「讚」，就可以免費獲得獎勵。

「反正就在手機上點一點，即便商家的承諾未必百分百兌現，我也沒什麼損失，假如真的有免費獎品，那我就賺到了。」一位大學生道出了「按讚」行銷的意義所在。很多人就是在這樣的心態下，參與了「按讚」行銷，為企業官方帳號的推廣做出了「貢獻」。

「按讚」行銷是一種新穎的 WeChat 行銷方式，但很多企業官方帳號的「蒙騙」也讓一些參與其中的使用者感到「受傷」。那麼，企業官方帳號究竟要如何善用這種新興的 WeChat 行銷方式呢？

第五部分　WeChat 行銷：微言大義

第一，制定標題

對「按讚」行銷而言，其實參與者並不在乎官方帳號是什麼、企業是什麼、產品是什麼，他們最在乎的只有一個——獎勵什麼！

因此，企業官方帳號在進行「按讚」行銷時，不需要對標題考慮太多，只需要寫出自己提供的「福利」就好。下列幾種標題值得學習一下：「海南去不去？您們說了算！」、「分享，就送千足銀手鐲！」、「福利來啦！六天五夜七彩雲南之旅」、

簡單扼要的標題，迅速吸引使用者的注意，忍不住點選進來檢視詳細內容，尤其是在「按讚」行銷逐漸流行的今日，官方帳號只需要發布一個標題，「集讚狂魔」們就會根據自己的需要點選進來，檢視規則，進行分享，官方帳號們就可以安逸地享受「按讚」行銷的福利了。

第二，明定規則

「按讚」行銷雖然日趨流行，但很多人也開始對此感到反感，因為他們在辛苦地集齊了所需的「讚」之後，卻沒有得到宣稱的獎勵，這都是由於官方帳號在舉辦行銷時，為了吸引更多使用者分享而含糊其辭。

有些官方帳號在發布消息中僅強調福利，而對於規則卻一筆帶過，最後訊息推廣出去了，獎品也不用發，還暗自高興，其實，這樣的「蒙騙」對於官方帳號的長期推廣沒有絲毫

益處,若被認為是「詐騙」時,還可能面臨法律的制裁。

企業在進行「按讚」行銷時,一定要明確闡明活動規則。比如「福利來啦!六天五夜七彩雲南之旅」,點開連結後,使用者首先看到一個簡單的活動規則——「只要追蹤微訊帳號並轉發本則訊息至 WeChat 朋友圈,累積獲得 20 個讚,就可以獲得送出的雲南六天五夜遊」;之後,進一步說明「20 個讚送單人遊,35 個讚送雙人遊,50 個讚送三人遊」;最後,要詳細說明活動規則,包括審核方式、審核時間、參加條件、運費支付、活動截止日期和獎品有效期間等。如此一來,使用者清楚了解自己的福利以及義務,進而坦然地協助官方帳號進行推廣。

第三,利用抽獎

有些官方帳號可能捨不得付出太大的代價來贏得關注和推廣,認為行銷效益與成本不成比例。當企業無法藉由讓利來贏得推廣時,不妨利用抽獎的方式來吸引使用者參與「按讚」行銷。

當然,在各式各樣的「抽獎」充斥市場的今天,很多人都已經對抽獎免疫,認為「抽獎就是沒有」,而不願意參與。因此,當官方帳號決定使用抽獎來進行「按讚」行銷時,就不要對效果抱有太大的期望。

WeChat 行銷越來越受到企業的重視,正在於 WeChat 上

的使用者與好友之間都有比較熟悉的社交關係，基於這層社交關係的推廣，也更能讓使用者轉發的訊息得到認同。而且，能夠累積到足夠數量「讚」的人，社交圈通常都比較大，而且在圈內有一定的影響力，考量到這種使用者的消費力和傳播力，官方帳號為其提供一些優惠和獎勵也是十分划算的。另外，「按讚」操作十分簡單，使用者只需要點一下手指，就能產生參與感，這也明確反映出 WeChat 行銷的互動性。

「按讚」行銷是立足於 WeChat 平臺之上的一種新興行銷方式，也正因為其出現不久，各式各樣的問題也層出不窮，企業官方帳號在進行「按讚」行銷時，一定要保持理性。

朋友圈裡的信任商機

朋友圈本是 WeChat 推出用於 WeChat 好友之間一起交流的功能，而在微行銷時代，這樣一個「熟人」的圈子，同樣有以信任為前提的商機。

依靠朋友之間的信任感，朋友圈能夠為企業帶來「免費」的信譽。而在新版 WeChat 的朋友圈中，採用了「雙方的評論只有共同好友可見」這一機制，也就是說，當某個朋友發出了一則訊息後，自己只能看到該朋友和其他通訊錄好友的評論，無法看到其他人的評論。

第 13 章　掌握 WeChat 行銷先機

　　利用這一機制,企業只要能夠進駐消費者的朋友圈,消費者看到其產品訊息下各個朋友的評論,就會因為對朋友的信任而信任產品,最終做出消費行為,這也就是朋友圈裡的信任商機。

　　而將這一商機挖掘最徹底的就是百貨商場,由於百貨商場的在地化定位,其「粉絲」也大多為在本地生活的人,進而將具有好友關係的人納入到「粉絲」群體中,以朋友圈的信任商機贏得市場。

　　某大型商場一直將「時尚、價廉」作為自己的行銷定位,其流行時尚百貨經營模式也一直深受廣大消費者的喜愛,在當地具有極高的知名度。

　　2013 年,該百貨商場舉辦了第三屆新娘賽跑活動,相較於此前的兩屆活動,這一屆在行銷模式上做了極大的創新,那就是引入社群平臺行銷通路。這一屆新娘賽跑活動的預告、宣傳和報導幾乎都是在微博和 WeChat 上進行的,大幅降低了行銷成本,反而為商場帶來了更為顯著的宣傳效果,其銷售量一時大幅提升。

　　商場專門為這次活動引入了微行銷策劃團隊,讓該團隊全程參與並跟進。在活動前期,商場透過 WeChat 官方平臺和微博,發表了活動訊息,通知「粉絲們」活動即將開始,並可以透過 WeChat 線上報名。而就在消息發布的當天,商場

和微博、微訊帳號就收到了大量粉絲的諮詢和報名。

在活動當天，商場還安排工作人員利用社群平臺全程採訪報導，在 WeChat 官方平臺上公開大量的賽況圖文訊息。而「新娘賽跑」活動的獨特創意，也贏得了消費者的廣泛參與，大量粉絲和觀眾拍下了活動現場的照片，並上傳到朋友圈中。

在該商場公開活動賽況照片的當天，其 WeChat 官方帳號就收到了超過兩百則評論和一百則諮詢訊息。

就在商場和朋友圈的雙重行銷中，WeChat 官方平臺的行銷功能也得以無限擴張，依靠朋友圈的信任商機，透過熟人的口碑進行宣傳和行銷，大幅提高了行銷效果。更為重要的是，這樣的信任商機帶來的是更忠誠的客戶，讓客戶在互動中對企業產生認同感。

第六部分
行動行銷：個性化的傳播

第六部分　行動行銷：個性化的傳播

第 14 章　行動行銷的演變

　　如果說微博和 WeChat 行銷是當今中國微行銷主戰場，那行動行銷就是微行銷的核心和未來走向。

　　微行銷，顧名思義，重點不在行銷而在「微」。個人電腦顯然無法展現「微」的字義，只有越來越普及的行動電話，才是小巧玲瓏且百變多用的。

　　或許有人會對這種想法嗤之以鼻──手機能有什麼用？不就是打電話、發簡訊嗎？怎麼能跟功能強大的電腦相比？

　　不然。隨著行動網路的普及，每一部智慧型手機都具有上網瀏覽、發表評論、線上購買的功能，其強大之處是將手機「移動」的優勢與電腦網際網路平臺完美結合。畢竟，不是每人都時刻待在電腦前，但絕大多數人會隨身攜帶手機，任何推送訊息都是由手機第一時間接收的。更值得一提的是，現在越來越多人選擇下載 App Store 中的軟體或是 Android 市場的行動軟體客戶端，使得網路行銷、社群媒體行銷、電子商務與行動行銷緊密結合起來。

　　更何況，誰說用手機打電話、發簡訊這兩大基礎功能不能應用在微行銷？即使是這兩個簡單的功能，也被商家發想出如簡訊群發、電話諮詢等無數種行銷方式。因此，商家不

第 14 章　行動行銷的演變

但不能看輕行動行銷，反而要將其作為未來微行銷的發展潮流和方向並積極應對。

你適合做行動行銷嗎？

在許多人看來，「行動行銷」這個詞看起來並不陌生，聯想到的無非是手機郵件、垃圾訊息和訊息詐騙等，這些似乎與日常生活中隨處可見的廣告不無關係，但這卻又與人們印象中的廣告存在差別。

行動行銷，是利用手機或平板電腦等行動裝置，透過行動 2G、3G 或 Wi-Fi 網路環境向使用者點對點地發送即時訊息，並和使用者之間進行有效的訊息互動和回饋交流，以達到訊息推廣和產品宣傳的目的。除了擁有強大的資料庫作為資源後盾外，還具有 24 小時即時不間斷的訊息網路服務，以此來達到「點對點，一對一」的傳播效果。

行動行銷算是一種新興的行銷方式，是由市場行銷衍生出來的，不過因其發展空間大，閱聽人數多，可利用資源豐富而潛力龐大，目前還在不斷完善其理論系統。作為一個衍生品，行動行銷不得不遵循市場規律，市場行銷的基本理論對其也相對適用，但這不意味著你懂得了市場行銷，做起行動行銷也會暢通無阻，畢竟這裡融入了科技含量，需要考慮更多的非理論性層面的內容，如智慧手機的普及程度和網路的覆蓋面積，甚至是網路的傳播速率等硬體設施方面的問題。

第六部分　行動行銷：個性化的傳播

想要成為行動行銷行業中的一分子,得先看看自己是不是具備相應的從業素養,問問自己:「我適合做行動行銷嗎?」

自我檢測之行動行銷的大局觀

暫且不說行動行銷,只談行銷這一方面,你得檢視自己是否具有眼界和洞察力。如果單把視野定格在產品方面,頂多算是一個產品製造者,而非行銷者。行銷是個很廣泛的概念,涵蓋許多理論性問題,需要做的就是把這些理論形象化、具體化和生活化。做行動行銷,要擁有「大局觀」。什麼是大局觀?就是站在高處,看看這個時代的閱聽人喜愛什麼,需要什麼,以及公眾接受的底線是什麼。

世界著名行銷大師唐・舒爾茨(Don E. Schultz)就在其著作《整合行銷傳播》(*Integrated Marketing Communications*)中提到:「整合行銷是一個策略過程,它是指制定、優化、執行並評價協調的、可預測的、有說服力的品牌傳播計劃,這些活動的閱聽人包括消費者、顧客、潛在顧客、內部和外部閱聽人以及其他潛在的目標閱聽人群體。」

自我檢測之行動行銷的小創意

現階段,行動行銷還處於初期的發展階段,並未有成熟的理論系統作為支撐,算是摸著石頭過河。但上文已經分析過,如此潛力龐大的市場,摸著石頭過河是值得的,也是必

第 14 章 行動行銷的演變

然的。既然沒有現成理論可以使用，就先參照行銷理論的大方向，從小處著眼，並注重可操作性，行動行銷方案不能只是諸如以往的群發簡訊，應該朝著增加閱聽人回饋度的方向邁進。方案設計要必須注意細節，增加小創意，貼近閱聽人，引起閱聽人的注意並激發其回饋，這也是行動行銷的核心之處──互動。缺少了互動的行動行銷，就與其他的行銷方式並無區別，發揮不了優勢。

簡而言之，這「一大一小」的要求，決定了商家是否適合做行動行銷，這也不是絕對的，也不存在什麼絕對。只有一個放之四海皆準的方法，那就是堅持，企業只要下定決心做行動行銷，就必須始終堅持，終將有所收穫。

行動行業，改變正在發生

行動行銷最大的特點在於將以往固定在一定媒介產品上的個性化即時訊息轉移到了隨時移動的人身上，而且隨著行動裝置功能的不斷豐富和強大，行動行銷的產品訊息形式也在不斷拓展，從最初簡單的文字傳播，逐漸更新為圖文並茂、聲音訊息，再到現在的手機影片、手機電視。這些訊息不會因人的行蹤改變而無法傳送，不論閱聽人身在何處，只要能夠接收到訊號，就能夠成為一個訊息的接收者。

如今行動通訊技術已從 4G 時代邁向 5G 時代，這種變化意味著行動網路將進入一個更廣闊的領域。

■ 第六部分 行動行銷：個性化的傳播

什麼是 2G？什麼是 3G？什麼是 4G？

2G 指第二代行動通訊技術。代表為 GSM，以傳輸數位語音訊號為核心，歐洲在 1982 年成立了 GSM，目的是制定泛歐的行動通訊漫游標準，它們在蜂巢式網路方面做了大量研究，透過對八個不同的實驗方案進行反覆論證，最終制定了泛歐洲的數位蜂巢式行動通訊系統，並以「GSM」命名。1980 年代中期以後，大規模使用積體電路，微型電腦投入市場，微處理器的大量應用，這些都成為了開發行動訊息系統的技術保障。GSM 較之以往的通訊技術而言，有容量大、頻譜利用率高、通訊品質好、業務種類多、易於加密、使用者裝置小以及成本低廉等特點，由此成為行動通訊技術的新里程碑，迅速成為行動通訊技術的主流。

3G 則是第三代行動通訊技術。相對於其他數位手機而言，第三代手機通常指將無線通訊和國際網際網路等通訊媒介結合的一種新興通訊方式，它比 2G 更便捷、更迅速，提供傳輸包括網頁瀏覽、電子商務和電話會議等多種形式的行動網路訊息，這就是 3G 手機強大之處，它可以毫無障礙地處理文字、聲音、圖片和影片等訊息，傳輸速率大大提高，正好適應了當今社會的快節奏生活。生活本身就是個爭分奪秒的競賽，速度將會成為生存的重要因素之一。

4G 指的是第四代行動通訊技術。4G 是集 3G 與 WLAN 於一體，並能夠快速傳輸數據以及高品質的音訊、影片和影

像等。4G 能夠以 100M bit/s 以上的速率下載，比目前的家用寬頻 ADSL(4Mbit/s) 快 20 倍，並能夠滿足幾乎所有使用者對於無線服務的需求。此外，4G 可以在 DSL 和有線電視調變解調器沒有覆蓋的地方設置，然後再擴展到整個地區。很明顯，4G 有著不可比擬的優越性。3G、4G 時代的到來，不僅提高了人們生活的便捷度，更為行動行銷提供了廣闊的發展舞臺，讓行動行銷的暢通無阻有了技術保障，得以在新時代大展拳腳，進而發揮出其優勢，真正展現其效果。

商家應該意識到，時代一直在變，企業與行動網路的發展幾乎是同步的，行業的競爭日趨激烈，行動行銷的方式更是層出不窮。

行動行銷的潛力就在於此，可以讓閱聽人進行互動，讓閱聽人真正以主角的身分，感受「商家的一則簡訊，也能左右大局」的待遇。

行動科技：未來無處不在

提到科技，「未來」這個概念就不再遙遠了，概念性的東西也將觸手可及。二十年前，你可能根本就想像不到現在能夠坐在電腦前，與距離千萬里之外的人交流，更無法想像在地鐵上，人們手中拿的已經不是報紙和雜誌，而是一部部功能卓越、外表亮麗的智慧型手機。

這些手機,就是行動行銷的未來,這其中蘊含著以下四個方面的原因:

原因一,手機使用者、行動網路使用者數量大

據統計,當前手機使用者已經超過億人,利用手機網路的比例也接近 70%。這也就表明,市場已具有很大的規模,無處不在的手機使用者成為了行動行銷無所不在的市場,行動科技的未來全都藏在市場裡。

原因二,行動網路的覆蓋面已經足夠廣泛,電信經營商有良好的營運基礎

目前,行動網路基本上已經實現了全覆蓋,不論使用者身處哪一個角落,都能接受到無線網路訊號。同時,行動網路經營商還加強了網路規範監管力度,加快網路基礎設施建設,使得行動網路的普及程度、覆蓋面甚至超過了有線網際網路。

原因三,行動網路技術不斷成長,以及手機應用的不斷細分和發展

行動網路技術在 2007 年以前其實是並不完善的,因為技術不到位,網路基礎裝置不健全。但是隨著經營商的重視,行動網路技術不斷創新發展,使其完全有能力承載整個國家的行動網路。同時,服務商、軟體開發商也為行動網路提供

了越來越多的實用性強、功能豐富的應用軟體，吸引更多的使用者。

原因四，網際網路平臺和行動網路平臺的進一步聯繫

現在的行動網路之所以超越了有線網際網路，不僅是因為其獨特的優勢和強大的功能，也是因為其部分功能與網際網路結合，不少知名網際網路平臺紛紛推出手機客戶端，這也使手機行動網路逐漸成為了網際網路使用者的新寵，因為其具備了手機的便捷性和網際網路的強大功能。

也正是由於其龐大的潛能，注定了其光明的發展前景，也注定了行動網路行銷必將成為未來十年乃至更久的行銷主流模式，所以商家必須在學習、了解其行銷模式和精髓的同時，主動參與，才不會在新時代的行銷中落後於競爭者。

第六部分　行動行銷：個性化的傳播

第 15 章
定位監測：即時鎖定目標消費者

在行動行銷中，有一個非常方便快捷的工具，那就是定位監測系統。定位監測系統，實際上並不是為了監測客戶的隱私，而是要隨時掌握客戶的動態，了解到他們需要什麼、喜歡做什麼，才能更妥善地為行銷服務。

定位監測系統的應用非常廣泛，其中以 GPS 衛星定位軟體為代表，而 GPS 技術也是其核心與基礎。GPS 的產生與發展，無疑將手機「移動」的特點彰顯得淋漓盡致，行動網路的應用也變得更為廣泛，人們不僅能透過手機、行動網路來發布自己的動態消息，而且可以使用 GPS 定位及網路地圖為自己定位一個更精確的座標。這樣一來，不僅拉近了人與人之間的距離，也為商家帶來了接近客戶更便利的途徑。

現在，市面上的定位監測系統軟體有很多，一般以地圖軟體和導航軟體為主。在一些社交應用程式、微博平臺和線上購物程式上，也有一定程度的展現，例如提供搜尋「周邊團購」的功能，甚至允許使用者發布狀態訊息，標明自己的位置。

這些措施，使人們更便利的同時，也為商家提供了更好的行動行銷契機。

第 15 章 定位監測：即時鎖定目標消費者

開啟監測，鎖定消費者

企業想要進行行動網路監測，就必須要理解到監測的優點，才會更有積極度，主動去實行。

開啟監測的優點有如下四點：

優點一，行動監測可以加強企業的廣告效果，進行有效的行銷監測

在過去的行銷模式中，利用傳統的主流媒體行銷過於耗費金錢，而網際網路平臺行銷雖然節省費用，但是也需要投入不少心思進行維護。行動行銷則不然，尤其是具備了監測功能的行動行銷，可以迅速提升傳播效果，並且監測其發展情況。

優點二，監測可以增加消費者的「黏著度」

監測是一個長期有效的措施，且必須長期執行。而正是這種長期執行，延長了使用者對於企業行動產品的使用時間。雀巢就是如此進行長期監控的，前幾年，雀巢推出了手機簡訊平臺，消費者可以透過手機發送「積分密碼」，參與雀巢甜筒積分競拍。這場活動的流程非常清晰──消費者透過角逐晉級，最終獲得大獎。參與的消費者感覺大獎就為自己設定的，於是紛紛購買產品，並且參與積分兌換。這次活動不僅應用了行動娛樂式行銷，也是一次成功的行動監測：參

與者在長期的參與之中，放下對行銷的警惕，並持續關注此品牌及其產品，無形中增加了消費者「黏著度」。

優點三，監測可以幫助收集目標使用者手機號碼，進而實現一對一、一對多的精準行銷

原本的監測功能還不足以實現針對目標客戶的精準行銷，但是自從 2010 年 9 月，中國正式實施手機使用者實名制，也就意味著手機號碼對應特定的真實使用者。這一措施，說明企業的監測定位能夠具體到某使用者個體身上，而且值得一提的是，使用者一般不會輕易更換手機號碼，這就決定了手機號碼的行銷具有很長的週期性，價值也更大。而企業要做的就是透過定位和監測來收集目標使用者的資訊，進而實現精準行銷。

優點四，監測可以實現客戶族群的分類和行銷在地化

GPS 的應用和行動監測，之所以被稱為行動行銷在地化的一大助力，就是因為它們具備很強的區分性。企業可以透過這兩大功能的結合，將使用者群按地域、消費類型進行分類，分別採用不同的行銷方式。這樣一來，不僅拉近了企業與客戶之間的距離，同時納入更多使用者。福特公司的客服就是這麼做的。其客服採用區域性智慧回覆，實現了服務的在地化，這就是利用行動監測實現的。

行動行銷監測有這麼多優點，那麼企業該如何透過監測

第 15 章　定位監測：即時鎖定目標消費者

鎖定消費者呢？無非是兩點：其一是加強對於監測與行動使用者的分類學習；其二則是精確定位，鎖定消費者。

　　行動手機只對應某一位特定使用者，企業通常是透過獲取使用者 SIM 卡串號來做使用者的定位和細分。IMSI（國際行動使用者辨識碼）是區分客戶群的重要標準，因為它可以區分出使用者歸屬的營運商。另外，裝置串號也是另一個重要的區分準則，IMEI（國際行動裝置身分碼）是每臺行動裝置唯一的標識，可以透過它來區分使用者的手機型號和所處位置等資訊，進而幫助企業劃分客戶族群。無論是手機號碼對應的 SIM 卡串號，還是裝置串號，一般來說，鎖定的都是唯一的真實使用者。例如，每一臺 iPad 都是一個行動裝置，每一臺的裝置串號（IMEI）、SIM 卡串號都是不同的，可以用來區分使用者。

　　嚴格接受監控回饋，鎖定消費者。這一點說起來容易做起來難，企業要精確定位客戶群體，除了要懂得利用裝置串號（IMEI）和 SIM 卡串號來區別、劃分客戶之外，還要懂得利用 GPS 行動監測來了解客戶的即時動態，進行動態監測。企業可以透過簡訊群發、長期活動等形式，吸引顧客參與，建立起一個長期互動的關係，時間久了，就能贏得一部分客戶的信任，進而轉化為有效購買的客戶。而監測的另一方面，就是要商家注重監測的回饋訊息，不斷地透過回饋來改進修正，確保顧客不在短時間流失。

■ 第六部分　行動行銷：個性化的傳播

與網際網路共享，加快追逐腳步

　　行動網路之所以發展得如此神速，與網際網路打下的良好基礎密切相關。而近年來，行動網路與網際網路的融合趨勢也逐漸增強，商家也逐漸意識到，只有這種「強強聯合」才能為企業的行動行銷帶來更廣的商機。

　　想要真正地將這兩者結合起來做行銷，就必須從行動網路平臺上形形色色的行動應用程式著手，不僅是因為其新奇有趣能吸引廣大的使用者，更因為它們具備足夠強大的功能，是網際網路與行動網路整合的最主要媒介之一。

　　首先，商家必須了解行動應用程式的類別。從表現形式上，行動網路應用程式可以分為以下兩大類：

第一類，客戶端形式

　　客戶端形式的軟體，除了手機自帶的之外，需要使用者自行在行動網路平臺下載，並且於手機上安裝後才能使用。而這些行動應用程式客戶端是網際網路移植到行動網路的最主要途徑——不論是 iOS 系統還是 Android 系統，許多網際網路上的一線網路產品紛紛被移植到手機上，並在行動應用程式中占據了一席之地。

第二類，瀏覽器形式

　　手機瀏覽器的功能和網頁瀏覽器大致相同，但是存在

第 15 章　定位監測：即時鎖定目標消費者

的基礎和形式仍有很大差別。電腦瀏覽器是建立在 IE 的基礎上，經過一定的改進而形成的各種版本。手機則是建立在 2G、3G 網路的基礎上，經由手機自帶瀏覽器或者下載的第三方瀏覽器開啟頁面。商家要注意的是，不能僅將瀏覽器的發展局限在 Web App 上──未來的手機瀏覽器模式將以 HTML5 為主，應朝此方向進行。

而從實際功能劃分行動應用程式，一般而言，從內容上可以劃分為基礎類（如手機瀏覽器等）、遊戲類（如「跑酷」等）、工具類（如手機詞典等）、媒體類（如音樂播放器等）、生活服務類（如天氣服務等）和商務類（如手機淘寶等）。

在眾多應用軟體之中，最適合用來做行動行銷的是基礎類和商務類，因為它們本身就包含了宣傳、行銷的成分。然而，也絕對不應輕忽其他類別的行銷，尤其是遊戲類應用程式，近期的發展非常迅速，其中的置入性行銷更是能夠造成意想不到的效果。

要了解商家的應用軟體經營狀況，就必須看行動應用程式的使用者關鍵指標，只有這些數據才能衡量企業的行動行銷發展到了什麼程度。值得一提的是，這些數據也與網際網路的網站行銷數據相差不多，進一步地展現了行動網路與網際網路的緊密結合。

■ 第六部分　行動行銷：個性化的傳播

第一個，活躍使用者（Active User）

這一點類似於社群行銷當中的有效粉絲統計，一般是透過網路後臺來獲取使用者行為資料，再經由統計取得。這裡面的使用者之所以說是活躍有效的，因為他們對應真實的手機號碼，都是唯一的，是衡量企業應用的核心指標。活躍使用者的統計可以按週期劃分，分為月度統計和每日統計等。

第二個，每日 PV 數

PV 數也就是每日瀏覽次數，商家可以透過統計此數據，得知當前在行動行銷中的人氣值，進而了解到行動行銷的整體發展狀況，這一措施與網際網路行銷是相同的。

第三個，每日廣告 PV 數

廣告 PV 就是指每日使用者讀取廣告的次數，透過這一點，商家可以隨時了解到當前行銷的發展階段，並了解廣告宣傳的效果，進而獲悉下一階段的行銷目標以及投入方向。這一點與網際網路行銷有所區別，只有行動網路才能做到這一點。

透過這些關鍵數據，企業不僅能夠釐清行銷的發展情況，也能夠了解行動應用程式的應用範圍和使用效果，與網際網路行銷建立起更加緊密的關係，進而加快行銷的轉變步伐。

第 15 章　定位監測：即時鎖定目標消費者

通話、訊息、郵件與其他監測

現今，除了利用 GPS 這種科技性很強的定位和監測系統之外，手機其他基本功能也被用來做行銷及使用者監測，例如手機的電話功能、簡訊功能和電子郵件收發功能，當使用者接收到行銷訊息的同時，企業也即時地獲得使用者的資訊，進而實現即時監測和管理分類。

電話的行銷及監測功能

電話行銷不僅是指行動電話，也包括了有線電話，這種行銷模式最早出現於 1980 年代的美國。在行動行銷中，電話行銷雖然並非最主要的方式，但是其回饋效果是最明顯的──透過與客戶的直接交談，了解其對於企業及產品的看法，進而協助企業自我改進。因此，電話行銷絕非等同於隨機撥打大量電話、碰運氣推銷企業產品。如今的電話行銷，產品的行銷功能已被淡化，商家們注重的是通話過程中收集到的回饋訊息。

行動電話行銷模式包括直接銷售、資料庫行銷和一對一行銷等，而其組成的最基本架構是呼叫中心、客戶服務中心和接線工作人員等。儘管內容和側重點各有不同，但其目的都是一樣的──充分利用當今先進的行動網路、手機通訊技術等為企業創造商機，並且鎖定客戶群，實現客戶管理。

在行動電話行銷中，商家透過與手機使用者通話，幫助

企業實現精準的客戶族群定位，並且有計畫、有組織地擴大客戶群。而且在通話中，企業可以透過辦理活動或贈送獎品等，提高客戶滿意度，在拓展新市場的同時，維護老客戶市場。

除了回饋客戶訊息外，在分類客戶群體的時候，通話功能同樣能造成極大的效果。商家可以透過簡短的調查，令使用者的資料更完整，進而實現客戶的詳細分類。

行動行銷中的簡訊行銷及其監測功能

簡訊行銷是行動行銷中不可或缺的、甚至可以說是最重要的一部分。使用者雖然是被動地接受訊息，但是他們也有權利拒絕不感興趣的訊息，並回覆其有興趣的訊息。手機簡訊群發作為行動行銷的主要方式之一，雖然有一些限制因素，但是覆蓋範圍廣，使用者數量大，可謂「廣泛撒網」的行銷典範。

當然，沒有什麼行銷內容是萬能的。行銷簡訊不能是強制性的，否則只會招致使用者的反感，所以要保證內容與該使用者相關，且業務是可退訂的。

同時，可以透過辦理活動，與使用者達成互動，例如競賽、有獎問答等，提高獲得使用者回饋的機率。有了回饋訊息，自然就產生了監測的效果，提供企業有關使用者的資訊，而企業針對這些資訊進行彙總統計，就能夠了解使用

第 15 章　定位監測：即時鎖定目標消費者

者的動態，也容易博得使用者的好感，無疑有助於行銷的推動。

郵件行銷

郵件行銷的限制條件很多，必須具備三大基礎才能實施，而且缺一不可。

基礎一，使用者的認可

與通話、簡訊這兩種方式不同，郵件行銷的前提條件是使用者的事先許可，也只有獲得使用者的認可，企業發送的郵件才有宣傳和行銷意義。

基礎二，網路的傳遞

手機電子郵件是利用行動網路進行傳遞的，手機使用者的電子信箱也是唯一的、真實的，手機電子郵件必須要透過行動網路進行傳遞，才能實現郵件行銷的各個階段。

基礎三，訊息的價值性

企業不能盲目地群發郵件，否則就叫做垃圾郵件，也就是說，企業所發的郵件在做行銷的同時，其內容一定要對使用者有價值，否則就只是對使用者的騷擾。

商家透過電子郵件的方式，經由行動網路向目標使用者傳遞行銷訊息，同時實現行銷和監測，正是因為當使用者選

擇接收企業的行銷訊息,就是對企業行銷的一種認可了。與此同時,由於使用者的認可是郵件行銷的基礎,也就相當於使用者對企業的訊息統計採取了預設的態度,因此是一種有效的監測方式。

使用叫車軟體,快速叫車

對企業來說,使用者的監測具有很強的實際意義,能夠幫助企業隨時了解使用者的動態,不錯過任何商機。

時下,比較流行的應用軟體之一就是「叫車軟體」。顧名思義,叫車軟體就是幫助消費者「叫車」的行動手機應用,可以歸類到生活服務類產品中。在簡單的叫車應用軟體中,包含了很多值得商家學習和應用的技術和模式,如果應用得當,透過開發和利用同類型產品,將帶來大量商機。

叫車軟體由常見的行動網路技術組成,包括 GPS 定位系統、GIS 地理資訊系統、手機感應器和訊息推送平臺這四大軟體技術。而架構組成方面,分別是司機端軟體、乘客端軟體和叫車平臺這三大主要角色。其實際運作流程也非常簡明易懂:乘客端發出叫車請求→經由平臺發送給乘客附近的司機→司機端收到後可選擇前往載客或拒絕→司機的回饋經由平臺回傳給乘客。

這看似簡單的叫車軟體是為了解決問題應運而生,它在

第 15 章　定位監測：即時鎖定目標消費者

誕生的同時，不但解決了人們的實際問題，也透過其應用，引出許多行銷方面的議題。

有人說叫車軟體的市場很小，其實不盡然。該軟體如果應用得當，哪怕是在某城市只能做到覆蓋一半，整合起來也是一個龐大的市場。

有人說叫車軟體的市場開發是燒錢行為。前期的軟體開發、投入使用以及網路覆蓋，或許需要投入較大資源，但是這只不過是階段性的，這種花費會到達一個波峰，然後就開始隨著技術的完善而遞減。

有人說這種類型的軟體沒有嚴謹的約束力，甚至可能出現線上支付後司機逃跑的情況，然而在平臺的監測以及使用者本身的監測下，一般而言是不會出現這種情況的。並且，隨著相關政策的制定，叫車軟體將逐漸走上正規的發展道路。

還有人說，有了電話叫車，手機應用程式就顯得多餘了。然而事實證明，自從叫車應用軟體出現後，主要城市的計程車候車區減少了三分之一，這就是叫車應用造成影響的最好展現。

這是一種另類的行銷方式，也實現了商家對於使用者的追蹤和即時監測，不僅能夠準確定位使用者位置，還可以根據該資訊統計使用者密集區域，便於進一步的行銷。

■ 第六部分　行動行銷：個性化的傳播

　　因此，叫車應用的出現，無疑是為商家的行動行銷推開另一扇大門——在提供行銷的過程中，為使用者提供便利，而又在提供便利的同時鎖定客戶群、監測客戶群，為企業的行銷打下良好基礎。

第 16 章　iPhone 行銷策略

蘋果公司出產的電子產品，包括 iPhone、iPad 和 iPod touch 等，一向受到廣大使用者的追捧，尤其是 iPhone 系列手機，不僅其外觀造型優美，功能強大，受到無數中高階消費者的青睞。iPhone 之所以如此受歡迎，主要有以下兩大原因：

原因一，產品本身的效能卓越。iPhone 功能強大的應用程式，涵蓋了人們工作、生活、娛樂和社交等各方面。

原因二，蘋果的成功行銷模式。iPhone 本身再優秀，也需要蘋果的品牌行銷模式來支撐。蘋果的行銷模式，就是將產品優勢與企業宣傳結合，讓客戶對產品本身產生一定的購買欲，進而獲得關注度。

iPhone 行銷關鍵點一：
抓住 App Store 的應用商機

App Store 也就是 Application Store 的縮寫，是應用程式商店的意思。App Store 是蘋果公司為 iPhone、iPod Touch、iPad 及 Mac 建立的線上下載平臺，該平臺允許使用者從 iTunes Store 或 Mac App Store 下載應用程式。

在該平臺上，使用者可以購買或免費試用各種類型的應用軟體，將這些應用程式直接下載到自己的 iPhone 上。常見的應用包括遊戲類、工具類、系統類、辦公類、生活類和媒體類等各種實用軟體。這些軟體不僅方便了廣大使用者，也為商家的行動行銷提供了一個廣闊的平臺。

其優勢還有以下三點：

優勢一，成本低廉

App 行銷的費用，相對於傳統行銷的電視、報刊平臺要低很多，甚至比網路行銷都要廉價不少。App 行銷僅僅需要開發一個適合本品牌的應用程式，而不需要投入持續的人力進行維護和推廣。

優勢二，持續性強

一款成功的 App 應用程式，可以風靡數年乃至數十年，因為一旦使用者下載到手機中，很高機率會持續使用。如此一來，無論是對應用程式本身以及對企業的銷售而言，App 都增加了產品和業務的行銷能力。

優勢三，協助精準行銷

App 應用程式具有獨到的市場精確定位性，因為它可以根據使用者資訊，準確掌握市場走向。這種行銷突破了傳統行銷「定位只能先定性」此一局限，它能隨時獲知使用者的最

新動態，保障行銷的後期服務，同時也能夠保持對客戶的持續吸引力。

優勢四，能夠全面展示產品資訊

這是行動 App 行銷與網路行銷的共通點之一，那就是能夠利用行動應用程式，全面展現產品及服務的資訊，進而刺激使用者的購買欲。

iPhone 行銷關鍵點二：利用產品功能愉悅客戶

iPhone 到底有哪些功能，能夠博得廣大使用者的芳心呢？

外觀也是功能的一部分

iPhone 從第一代起，就極力追求造型上的完美：流線型的外殼，閃亮堅固的外層塗漆，堅硬而又輕薄的機身，都讓顧客為之怦然心動。同時，iPhone 致力於手機周邊產品的開發，這一點從市面上形形色色、成千上萬種手機外殼就可見一斑了。

iPhone 的 iOS 系統自帶功能

iOS 系統不僅提供最基本的應用程式，而且其設定流程、觸控操作、語言手勢和螢幕解析度等基本屬性，都是手機中的上上之選。

App Store 所提供的生活類軟體

生活類軟體也可以被稱作服務類軟體，它們可以幫助使用者了解時間、天氣、列車時刻表、公車線路甚至違章查詢，有些軟體還帶有線上支付功能，使人們生活更便利，也讓商家行銷更有效率，這類軟體直接將行銷與日常生活結合在一起。

娛樂類軟體

娛樂類套裝軟體括遊戲類、影音播放類等應用軟體，它們的存在使得 iPhone 變得更有趣，人們可以聽音樂、玩遊戲、看電影，愉悅身心。

工具類軟體

工具類軟體可以分為工作和學習兩大類，常見的有電子詞典和 Office 軟體等，這些軟體幫助使用者提升個人素養和能力，並且取得使用者對 iPhone 的信任。

蘋果公司在致力於開發應用程式的同時，也不斷完善手機本身的功能。這些措施看上去與行銷並無直接的關聯，正是由於蘋果公司這種精益求精、不斷為顧客進行自我調整的態度，才讓品牌始終站在電子產品之巔。

第 16 章　iPhone 行銷策略

iPhone 行銷關鍵點三：
推送時將自己和他人區別開

　　用過 iPhone 的使用者都知道，在使用手機的時候，不管你與否連上網路，經常會接收到一些推送訊息。有的是提示使用者手機系統需要更新，或是軟體更新，還有一些商家透過軟體監測發送廣告，但無論是哪一種，都會在手機螢幕上方出現，引起使用者的注意後一閃而過。

　　推送訊息的方式大致可以分為兩類，一種是系統的推送訊息，還有一種是應用軟體的推送訊息。

　　系統推送是 iPhone 的 iOS 系統自帶功能。它提供最基本的手機系統維護與更新訊息，也包括提示手機充電、記憶體管理等要求使用者操作等訊息。

　　軟體推送則是使用者透過下載平臺自行下載軟體所帶來的，比如淘寶網客戶端就經常發送使用者所關注的商品、商家最新動態，也會提示出貨訊息、物流資訊等。還有一些應用軟體會提示已發布的最新版本，使用者可以選擇是否更新。更有些是軟體推送的廣告，使用者可以選擇檢視廣告並決定是否購買產品。

　　商家在做 iPhone 行銷的時候，必須選擇一個與眾不同的推送方式，區別於其他商家，才能獲得使用者的足夠關注，使其行銷訊息不至於被直接忽略。與眾不同的推送訊息優點有很多：

優點一，有助於商家建立獨特的行銷模式

每一種類型的應用軟體所帶來的行銷效果都不同，尤其是在進行訊息推送的時候更是如此。淘寶這一類的購物類軟體推送廣告，往往會被視為正常的行銷行為，而工具類軟體若常推送訊息，就顯得與行銷格格不入。商家必須把握這一點，透過最適合自己的獨特推送模式來博得使用者的好感。

優點二，不容易引起反感

如果商家發送的推送訊息是千篇一律的廣告，那麼90%以上的使用者會將商家的垃圾訊息連同軟體一起解除安裝，這是他們最厭惡看到的。而一些新奇、好玩的推送訊息，不僅不會讓顧客厭煩，反而會產生一窺究竟的興趣。

iPhone行銷關鍵點四：做不討人厭的廣告

iPhone行銷是蘋果公司成功的行銷案例之一，其成功之處就在於市場炒作，尤其是售前市場。在新品發布前，官方會透露少許關於新產品的造型、功能等訊息，誘發消費者的好奇，同時總是有各式各樣的「小道消息」不脛而走，為iPhone的上市煽風點火。

同樣是在做廣告，為什麼很多商家的廣告被視若無睹，甚至產生厭惡和抗拒，而蘋果公司就能做得如此出色呢？這與其完美的廣告準備流程是分不開的。

廣告準備的第一步,準備好廣告的內容與主體

廣告並不僅透過單一的方式發布,與產品相關的任何素材都可以成為廣告的內容。也就是說包括文字、照片和影片等在內的一切表現形式,都是廣告的一部分。利用功能豐富多樣的 iPhone 做行銷,就要將其生動形象的特點發揮到極致,進而對消費者五官帶來衝擊,才能造成購買的欲望。在 iPhone 行銷中,廣告內容和主體更包括產品特色,對消費者來說,突出的特色就是產品的亮點,也就是賣點。可以說,廣告的內容有亮點,就等於行銷成功了一半。

廣告準備的第二步,制定廣告源頭

不同於廣告內容,廣告源是企業廣告的根本來源和發布基礎,也與行銷目的的實現緊密相關。廣告的推廣方案是在其被發布之前就已制定好了,這也決定了廣告源必須是圍繞產品的創新點、特點和獨到優勢等建立的。有了良好的廣告源,如同病原體對於病毒傳播的作用 —— 廣告源是裂變式傳播的開端,做好廣告源,廣告就可以投入使用了,也意味著企業行銷的正式開始。

廣告準備的第三步,廣告載體和媒介的選擇

廣告的傳播過程中,廣告載體的選擇至關重要。物美價廉的產品也需要最適合的平臺來承載。比如某些社群廣告,選擇社交軟體平臺,就能造成最好的傳播效果。如果使用者

看不到,再好的廣告內容和廣告源都無用。

實際上,該怎麼做才能讓企業廣告不被使用者討厭和抗拒呢?

尊重使用者的選擇。商家做行銷是為了賺錢,使用者買產品是為了尋求便利,這原本是一個願打、一個願挨的事情,有的商家卻將 iPhone 上的廣告變成了強迫消費——只要使用者下載了其軟體,就必須收到商家的推送廣告,十分令人感受不佳。唯有商家尊重使用者,給他們選擇是否接收廣告的權利,才能得到使用者的喜愛和發自內心的尊重,因此往往選擇接收企業推送訊息的使用者,有很大機率會轉變成企業的忠實客戶。

第 17 章　有效的行動廣告

　　行動廣告是行動行銷中不可或缺的行銷方式，包括透過行動裝置（手機、平板電腦等）使用行動應用程式或者訪問行動網頁時顯示的廣告。廣告形式多樣，如圖片、文字、影片、插播廣告和 Html 廣告等，都屬於行動廣告的範疇。

　　行動廣告作為一種新型的廣告模式，絕對是商家理想的有力工具。

　　行動廣告的精準性無與倫比。與傳統廣告相比，行動廣告在精確性方面的優勢非常明顯。行動廣告不需要藉助紙質廣告的物質載體，也不像電視廣告、網路廣告這樣依靠龐大的覆蓋範圍，這些行銷方式都是有局限性的。行動廣告可以根據使用者的實際情況，一對一、一對多地將廣告內容在第一時間派發到手機使用者的手中，可以說是異常精確。

　　行動廣告具有即時性。可以說，行動廣告的即時性來自於手機本身的可行動性。手機是個人隨身攜帶的物品，它的便攜性比其他任何媒體工具都強。

　　行動廣告具有互動性。手機廣告不僅可以透過簡訊群發，也可以透過訊息推送。而無論是哪種方式，都提供使用者回饋訊息的機會，等同於在手機與消費者之間搭建一座溝

通橋梁，使得行動廣告具有很強的互動性。

行動廣告的擴散性強。手機的簡訊功能不僅讓使用者接受行動廣告，若使用者認為該廣告是有價值的，可以將該廣告再傳播給自己的親朋好友。

由此可知，在接下來的行銷發展中，行動廣告必將占據行動行銷的主要地位，是商家不可忽視的行銷重點。

行動廣告術語的使用

行動廣告有 PPC、CPM、ESPM 和 CTR 四大基本的付費行銷模式。這四大付費行銷模式各具特色，在行動廣告乃至行動行銷中，占據了非常重要的地位，它們的存在，可以說是行動行銷資金入帳、轉化的重要基礎。

PPC —— 點選付費行銷模式

PPC 是英文 Pay Per Click 的縮寫，中文翻譯就是「點選付費廣告」的意思。點選付費廣告是廣大商家最常用的網路廣告付費形式。

目前的行動網路上，提供點選付費的平臺非常多，瀏覽器的搜尋引擎都是按此數據收費，使用者每次點選都將為平臺帶來一定的收入，而企業必須付給這些平臺最基本的租金，以維持其廣告位置。

PPC 作為目前行動廣告市場中最常見的廣告計費模式，

第 17 章 有效的行動廣告

商家不得不參與其中,在向搜尋引擎和網路平臺付費的同時,也賺取足夠的人氣和銷售價值。

PPC 的收費是這樣的:起價+點選數 × 每次點選的價格 = 最終費用

PPC 廣告不僅在常見於網頁、應用程式之中,在搜尋引擎廣告中也有著廣泛的應用。企業要開發網路行銷、搜尋引擎行銷或行動行銷的話,PPC 既可以作為廣告形式,也可以作為企業主要的付費形式。在 PPC 模式下,只有企業網站、廣告被使用者點選之後,才會產生需要支付的費用,因此 PPC 廣告能夠幫助企業鎖定客戶,做到每一分錢都不浪費,具有明確的目標性。

另外,商家還可以透過調整 PPC 的價格,重新選擇為企業代理的網路平臺和搜尋引擎等,有效控制成本。

商家實施 PPC 的步驟有三個階段:

第一步,選擇登入頁面工具,即瀏覽器

透過該登入工具,商家可以確保網際網路成為傳播媒介,而選擇了正確的工具,對於之後的行銷宣傳也將事半功倍。

第二步,產生關鍵字列表

對於搜尋引擎和代理網站來說,關鍵字都是不可或缺的,使用者如何看到企業的存在呢?企業必須要產生關於自

身概況、產品訊息的關鍵字,並將這一列表提供給網際網路合作方,便於使用者找到你。

第三步,做好廣告定位

廣告定位可以分為內容上和表現形式上:在內容方面,商家要仔細策劃與行銷密切相關的廣告內容;在表現形式上,可以是在使用者的搜尋選項當中直接置頂出現,也可以是懸浮視窗、新建彈出頁面等形式,根據企業的實際狀況和具體要求而定。

CPM —— 每千次花費行銷模式

CPM 與 PPC 有些類似,都是指利用網際網路平臺而實現的商家點選付費模式。不同的是,無論是數量還是涵蓋範圍,CPM 都超過 PPC。

依照訪問人次進行收費的模式,已經成為行動廣告平臺的慣例。CPM 指的是廣告投放過程中,透過點選瀏覽了廣告頁面的每一千個使用者平均分擔的廣告成本,也就是千人成本。千人成本沒有 PPC 劃分得那麼詳細,但是對於企業對行銷大局觀的把握有很大的幫助。

雖然 CPM 廣告在中國目前仍處於起步階段,而且很多廣告主並不樂意接受這種廣告形式,因為在很多情況下、商家的行動廣告不需要提供給第三方資金。但是 CPM 的確有自己獨特的優勢。

CPM 廣告具有很強的靈活性。CPM 的成本可控性，有助於商家精確控制預算。同時，CPM 還具有發布時間可控、發布數量可控等優勢，操作方式非常靈活，能夠隨時根據企業自身的行銷步驟進行調整。

從長遠的角度來看，儘管 CPM 還有很多不足，費用對於一些廣告主來說也偏高，但是隨著時間的發展，商家會發現這一付費廣告模式能帶來的效益往往是最好的，也是最官方的行動廣告類型之一。

ECPM —— 有效千次話費行銷模式

ECPM（Effective Cost Per Mille）比起前面兩者，有很大的不同，最大的區別在於 ECPM 指的不僅僅是每一千次廣告可以獲得的收入，也代表著這一千次都是真實有效的，能夠被使用者完整地瀏覽過，這些付費才是有價值的。

ECPM 展示的媒介可以是網頁、搜尋引擎的廣告單元，甚至是單個廣告頁面。值得一提的是，ECPM 只是用來反映網站盈利能力的數據，並不代表能為企業帶來的實際收入。

那麼，商家該如何提高網頁的 ECPM 呢？

首先，網頁要有足夠的流量和點閱，是 ECPM 的前提條件

如果某個網站每天的點選數低於 100，那麼便沒有太多與其合作的必要。商家要盡力尋找已經有了不錯流量的網站合作，哪怕是廣告的單價稍高，也是物超所值的。

其次,要提高網站的整體流量

想要提高網站流量,就必須有足夠的使用者被吸引來瀏覽該網站。常見的方式有使用 SEO 優化等方法,提高網站的整體流量和廣告欄位。或是與搜尋引擎合作,網站商家支付一定的費用,就能設定網站的優先順序,讓你的網站始終在同類搜尋中置頂,效果相當顯著。

再次,想方設法提升網站的點閱率

廣告並不是越多效果越好,但點閱率確實是硬數據,點閱率越高的網站,行銷效果就越好。點閱率低的廣告如果頻繁出現在使用者眼前,則有可能造成反效果,降低整個網站的 ECPM。使用者只會點選感興趣的廣告,將垃圾廣告的域名都加入黑名單,所以對商家而言,重要的就是控制廣告顯示內容,不做低點閱率的泛濫廣告。

CTR —— 點閱率行銷模式

CTR(Click Through Rate)是網際網路廣告的常用術語,是指網頁的廣告點閱率。CTR 與前面三項相比,是一種廣義上的行銷模式,廣泛地指通過點閱率來做行銷,並不一定是有效瀏覽,但一定要有點閱的存在才能產生效用,是衡量網際網路廣告、行動廣告效果的一項重要指標。

使用者在搜尋引擎中輸入關鍵詞後,點選進行搜尋,然後會按照一定的排列順序列出相關網頁,再根據使用者自身

興趣和需要點選進入網站。這種搜尋網站的過程所產生的總次數就被稱作總次數,而使用者點選進入網站的次數,占總次數的比例就叫點閱率。

點閱率的高低決定了一個網站的品質高低,也代表著該網站是否擁有行銷和投入廣告的價值。點閱率較低的網站,不管網站排名多麼前端,使用者都不會選擇點選進入。因為點閱率代表著最廣大使用者的基本意見和態度,低點閱率就說明該網站不具備滿足使用者需求的能力,或者是網站的經營本身存在一些問題。

點閱率的計算公式:CTR= 點閱量 / 總展示量

也就是說,光是有展示量是不夠的,因為同類型的網站太多了,如果企業的網站太低調,很難有點閱量,這也就導致了網站點閱率不高。

行動廣告的有力技巧

行動廣告的使用,不能僅僅是投入群發簡訊和郵件,或者是在網站發布一些廣告,還必須注重廣告技巧,否則不足以博得使用者的喜愛和信任,前期的努力也就白費了。

與客戶群建立信任關係

有的商家在這方面做得很好,努力與顧客取得良好連結,確立了相互信任的行銷關係。這十分有助於企業的長期經營。

互相信任可以促進前期行銷宣傳。一旦客戶對於企業產生信任感，等於是認可了企業的宣傳和行銷，這對企業來說是一個好消息。無論是使用者對於下一階段的行動廣告的接受程度，還是對於其產品的關注度，無疑都會更進一步，企業的行銷效果也就更好。

那麼，商家該如何努力建立起雙方的互相信任呢？

要讓顧客信任商家，商家必須先信任顧客。商家要相信顧客的購買力和購買決心，不能單純地憑藉前期的客戶群劃分而放棄部分客戶，否則可能會造成不必要的訂單流失。

行動廣告的一大優勢，就在於其即時性

不管商家是採取群發簡訊，還是其他的行動廣告方式，都要爭取不求最好但求最快，使用者往往最重視的是第一時間收到的訊息，因為這代表商家有足夠的市場洞察力和相當的業務水準。

注重行銷內容的真實性和有效性

信任的源頭就是真實，商家絕對不能作虛假廣告，否則騙了使用者一次，就不用再妄想下一次還能取得收益了。因此，行動廣告的內容必須是真實有效的，要客觀地呈現企業產品資訊，讓顧客自己做出判斷。

第 17 章 有效的行動廣告

監控的同時必須保護客戶的隱私

有很多商家透過各種通路獲取使用者資訊、成功達到使用者監測,卻在行銷之後把這些資訊出賣給其他機構,這就是不尊重使用者隱私的表現,一旦東窗事發,不僅企業行銷做不下去,企業口碑也會受到極大的影響,反而造成負面效果。

動聽開場白贏得人心

早在 20 世紀「行銷」這一名詞誕生時,「開場白」便受到業務員的重視,一個動聽的開場白可以改變企業在使用者心目中的形象,形象改變了,客戶態度亦隨之發生轉變,行銷就等於成功了一半。

行動廣告同樣要注重開場白的效果,即便表現形式已從面對面的口才呈現,發展成了遠端宣傳,但是開場白的作用不減反增,這就是語言的魅力所在。

企業想要讓自己的廣告開場白更加動聽,就必須將一則行動廣告拆開來看,具體分析每一個細節。

稱謂問題

不管是哪一位客戶,正確的稱謂都能讓他們身心愉悅。例如,某企業發送給客戶的簡訊廣告中,不管對象是誰都以「先生(女士)」稱呼,難免令顧客心生不滿 —— 連客戶的性別都沒弄清楚就發廣告,這樣的商家值得信任嗎?於是,還沒看完內容就把簡訊刪除了。

問候語

　　禮貌問題是商家在廣告開場白中必須注意的，哪怕是素未謀面的客戶，也要做足禮節。一句簡單的「尊敬的使用者您好……」，雖然普通，但是沒有絲毫紕漏和破綻，讓人心裡先產生認同感，也比較有耐心去看之後的內容。因此，禮貌的問候語屬於「不求有功，但求無過」，是不可或缺的。

產品資訊

　　產品資訊是行動廣告的主要內容，當然要放在開場白中介紹。但是，在介紹產品的時候，銷售的意圖不能透過文字表現得太過明顯，否則使用者一看到要消費，抗拒心理油然而生。產品資訊介紹同樣要簡潔。

活動內容

　　活動內容是開場白中唯一可以占據大篇幅的部分，因為行動廣告主要就是依靠活動來吸引客戶的。比如某商家廣告鼓勵使用者購買產品，參與有獎徵集企業廣告語活動，那麼就必須將活動起訖日期、活動獎項設定、獎品內容和參與方法等全部詳細地列出，讓顧客接受活動是真實有效的。

　　這些雖然不是一個優秀開場白的全部因素，但是只要做到上述幾點，至少能夠保證顧客能耐心看完整則廣告，並且不會產生太多的負面心態，這就是開場白的魅力所在，有時候，它甚至能夠成為行銷成功的關鍵。

第 17 章　有效的行動廣告

接收回饋，傾聽客戶心聲

商家必須知道，行動廣告並不只是發送出去就萬事大吉了，這一點在任何行銷模式中皆然，商家還必須接收使用者回饋，了解客戶的心聲。

其實，行動行銷在接收回饋訊息方面具有先天優勢。

行動廣告無論是發送還是接收，對於企業和使用者來說並非難事，這都是仰賴手機的便攜性和訊息的即時性，因此，做行動行銷和行動廣告的商家，就更應該注重接收使用者的回饋訊息。

那企業該如何有效地收集使用者的回饋訊息呢？

最簡單有效的方法就是利用活動來吸引客戶。有很多消費者不回饋訊息是出於對廣告的反感，但是更多時候則是懶得回、省簡訊費。在這種情況下，企業活動就是最好的推動力，哪怕只是簡單的抽獎機會，使用者們還是會很樂意回覆一則簡訊的。

企業還可以安排簡訊客服和電話客服工作人員，即時解決和解答顧客反映的情況和問題。在交流的過程中，顧客總會透露出一些關於企業及其產品的看法，而這些看法就是回饋訊息。

第六部分　行動行銷：個性化的傳播

第 18 章　基於位置的促銷策略

進行促銷行銷的時候，資料庫所收集到的客戶資訊彙總是最有力的資料。在這些資料之中，最重要的不是客戶的職業、年齡層等，而是他們所在的位置。

所在位置是一個人的最基本資訊，商家可以藉以釐清客戶群的實際分布，進而劃分客戶群，然後針對每一個地區的客戶分別進行行銷。

這樣的行銷方式，不僅幫助企業的客戶定位更加明確，也明顯加強行銷的區域化，有了區域化和在地化，更能促進當地消費者的認同感，行銷效果自然比普通的「一把抓」要好得多。

利用顧客位置做精準行銷

精準行銷是建立在精準定位的基礎上，也就是現在流行的 GPS 定位和客戶定位。同時，精準行銷依託現代數據技術，以此來建立個性化的顧客溝通服務系統。

精準行銷可以幫助企業實現精打細算的低成本擴張行銷，也就是說，精準行銷是行銷理念中的核心觀點之一，避免造成資源的浪費。企業自身也需要更精準、可靠、可以度

量的行銷溝通,來博取高額的投資報酬。

在實施精準行銷的過程中,商家需要行銷傳播的計畫,注重行銷結果和行動的具體細節。換句話說,精準行銷的概念必須透過溝通來完成,商家與使用者的溝通是其中關鍵。

精準行銷,簡單地說就是透過可量化的定位技術,對市場和客戶進行精準的定位,進而突破傳統行銷定位的局限性,不僅為企業的行銷定性,同時為企業的行銷對象、行銷內容做出準確的定位。

精準行銷必須藉助先進的資料庫技術,同時,網路通訊技術和現代的物流技術等後勤保障亦必須準備充足,才可能做到與顧客的長期個性化溝通,進而使行銷達到可度量、可調控的精準要求。

傳統廣告的溝通是建立在高成本的基礎上,精準行銷則不然,企業可以利用一些網路技術與高科技工具來使成本降到最低。精準行銷的最終目的就是要保持企業和客戶的密切互動溝通,以確保不斷滿足客戶的個性需求。使用者的需求不斷被滿足,建立穩定的企業忠實顧客群也並非難事,進而實現企業持久發展。

精準行銷與現代物流又有什麼關係呢?

打個比方,物流是企業與使用者之間的直接「血管」,不僅能使企業擺脫複雜的中間通路,也能幫助企業擺脫傳統行

銷模式中對行銷機構的依賴。如此一來，不僅大幅度節省了企業的人力和物力，也實現了對使用者的一對一、個性化關懷，並且降低了行銷成本。

如何吸引客戶？

如今可用的網路推廣方式太多了，並且每一種都能達到一定效果，但如果企業全面投入其中，除非公司極具實力且運氣極好，否則十分耗費資源。既然目的是要吸引目標客戶，因此推廣方式一定要精選一、兩種即可，集中精力、人力和財力，直到現有方式達到預期效果並能維持後，才考慮適當地加入其他新的方式。

在精準行銷的過程中，如何才能與客戶建立有效溝通？如何讓客戶決定選擇自己？

透過前期行銷，使用者已經認識了企業品牌，其產品和服務資訊也已經傳遞給目標客戶，接下來要做的，便是向使用者證明。證明的內容有很多：首先要證明自身品牌價值是獨一無二的，企業網站和廣告的點閱率也是超過競爭對手的，這些都從正面證明了企業的行銷本身並不遜色於其他商家；接下來就要告訴客戶，企業產品和服務絕對是同行中最好、性價比最高和售後服務最好的；同時，向客戶證明公司信譽良好也非常重要，因為任何顧客都想要信賴口碑良好的企業。有了這些證明，就能讓客戶下定決心，選擇企業的產

品和服務。

然而這還不是行銷的最終目的。使用者的信任並不代表他們一定會購買，企業還需要確保購買率。精準行銷就是如此，透過網路行銷、物流串聯，即時和迅速地收集客戶的回饋訊息、變化和意見建議，這是非常重要的。企業要根據相關的回饋訊息，改進自身，提供更多、更好的產品和服務，才能吸引更多的客戶購買，進而形成公司的品牌價值，將精準行銷的效果長期地延續下去，回頭率和推薦率才有保障。

打造顧客忠誠度的行銷專案

客戶忠誠度也被稱作客戶黏著度，是指客戶對某一特定品牌及其產品和服務產生了好感之後，形成了「依附性」偏好，進而在以後的消費中帶有一定的偏向性，偏好購買該品牌的產品和服務，並且讓重複購買成為一種趨勢。整體而言，客戶忠誠就是指顧客在進行購買決策時，多次、持續表現出對某企業產品、服務和品牌有偏向性購買行為。

客戶忠誠度早在1970、80年代之間就已經被提出，其核心精神就是建立一個擁有極高忠誠度的客戶族群，進而實現企業的永續性盈利。

而想要建立起客戶的忠誠度，企業就必須竭盡所能讓客戶滿意，企業必須以滿足客戶的需求和期望為目標，並且有

效地消除顧客購買前的顧慮心理,同時預防客戶購買後的抱怨和投訴。這兩者結合起來,就能不斷提高客戶滿意度,進而使一部分顧客對企業忠誠。這種忠誠度其實也是雙向的,是在企業與客戶之間建立起一種相互信任的關係,而這種關係也需要以有效的溝通作為前提和基礎。

忠誠度的建立對企業來說有什麼優點呢?

優點一,有利於企業核心競爭力的形成

企業不是一、兩輪行銷做得好就有競爭力了,而是必須長久地占據市場和客戶群,且持續盈利,才能被稱作有競爭力。而在以人為本的行銷世界中,客戶就是企業的核心競爭力之一,誰手上握有的忠實客戶族群更多,誰的市場占有率就更大。

優點二,對企業的行銷流程產生重大影響

一旦企業的忠實客戶群產生,並且穩定下來,那麼企業的行銷重心必定會有所傾斜。比如說在新一輪的行銷中,企業就可以將更多的精力放在新使用者的開發上。重要的客戶不會因為企業的行銷對象轉變而輕易對企業失望,所以企業必須抓住機會,對行銷流程進行改進。

優點三,忠實客戶有利於提高企業員工的凝聚力

這看起來與忠實客戶族群沒有什麼關聯,但實際上,忠實客戶的建立讓企業員工有更多的時間來進行其他業務,尤

第 18 章 基於位置的促銷策略

其是團隊合作的任務,這種凝聚力也更容易被磨合出來。

客戶忠誠指的是客戶對於企業的品牌價值、產品或服務產生一種傾向性很強的情緒,它主要透過客戶的認知(情感)忠誠、購買忠誠和意識忠誠這三點表現出來:

認知(情感)忠誠表現為客戶對企業的品牌價值、行銷行為的一種認同感;購買忠誠表現為客戶再次購買同類產品時,會優先選擇該企業的產品和服務,重複購買力很強;而意識忠誠則展現為客戶對企業產品和服務表現出的未來購買意向。

由情感、行為和意識這三點結合起來,就是使用者對企業的忠誠度,反映了企業在未來經營活動中所具有的核心競爭力。

忠誠的客戶可以說是企業最有價值的顧客,他們很少會因為自身或企業的原因而影響到自己的購買心理,因此他們是企業利潤的主要來源之一。忠誠客戶的小幅度增加,也會使得利潤大幅度增加,因為客戶也是一個獨立的行銷媒介,他們會向朋友敘述成功的購買經驗,進而為企業帶來更多潛在客戶。

建立客戶忠誠度的關鍵因素有四點,可以說是缺一不可,只有這四點並存的時候,才能說該企業的客戶管理和客戶忠誠度培養是非常成功的。

產品和服務的品質

產品的品質是企業獲得客戶青睞的前提條件，只有企業的產品品質、服務水準、技術能力得到消費者的認可，才能為忠實客戶的建立打下堅實基礎。如果企業賴以為生的產品、服務的品質不合格，哪怕費盡口舌也必將無人問津。

企業的服務效果

服務效果就是企業服務品質的最好展現，企業能讓客戶內心感受到滿足，滿足了他們在物質上和心理上的需求，讓顧客對企業產生一定的好感，為之後的購買埋下伏筆。

企業與客戶關係的維繫

企業不能僅將自身的產品和服務推出去之後就對顧客不管不顧，相反地，企業必須維護好這層客戶關係。企業可以透過積極有效的互動來搭建與顧客溝通的橋梁。

企業對顧客理念的灌輸

三流企業靠銷量，二流企業靠品牌，一流企業靠理念。而實際上，作為一家優秀的企業，三者都要兼顧。企業要不斷地用自身的文化、理念去感染顧客，讓他們對企業的理念和品牌產生認同感，才能進一步抓住顧客的心。

第 18 章　基於位置的促銷策略

高德地圖被阿里收購的背後

2013 年 5 月 10 日,阿里巴巴以 2.94 億美元收購高德地圖約 28% 的股份;2014 年 2 月 10 日,阿里巴巴表示,「已向高德控股提出收購建議書,擬以 11 億美元現金,收購剩餘的 72% 的高德公司股份」;4 月 11 日,雙方正式達成收購協定。

根據協定內容,在收購完成時,阿里巴巴將給予高德股東每股普通股 5.25 美元或每股美國存托股份(「ADS」)21.00 美元的收購價。而 2014 年 2 月 7 日高德股票那斯達克(NASDAQ)收盤價僅為每股 ADS 16.54 美元,也就是說,協定收購的股價溢價了 27.0%!

阿里巴巴以如此大的代價收購高德地圖,其原因大致有以下兩個方面:

原因一,行動網路時代的地圖之爭

在行動網路時代,智慧手機已經成為人們居家旅行必備的生活工具。而智慧手機與位置資訊之間也有著密切的關聯,在這一時代前提下,手機地圖作為入口的功能正不斷加強,它不僅可以成為衣、食、住、行等一系列生活服務的入口,在手機地圖的基礎上,很多行動應用程式也就此衍生而出,成為 O2O 發展必備的重要平臺。

作為中國網際網路時代的三大公司 —— 阿里巴巴、百

度、騰訊，三者之間的競爭早已從 PC 裝置轉移到了行動智慧裝置。而由於網站屬性的限制，百度與另外兩者之間的競爭力正日趨降低，尤其在行動智慧裝置更是如此，而百度地圖則為其提供了突破的關鍵。

百度地圖一直是高德地圖的主要競爭對手，正是因為百度地圖，百度才能快速切入到生活服務領域，進而在行動網路時代擁有自己的一席之地。在 2013 年的百度世界大會上，百度 CEO 李彥宏曾多次提及百度地圖的重要性，百度地圖已經不再是單純的工具，而變為一個全面的生活服務平臺，其使用者規模也已經超過了兩億！

也正是立足於百度地圖，百度在 2014 年 1 月，全資收購了團購網站之後，其生活服務板塊得到了極大的彌補，形成了一個完整的商業鏈；原本在團購網站上的商家，亦能夠得到百度的廣告資源。

而騰訊地圖的市場占有率雖然相對較小，但經過其 2013 年下半年的一系列調整，以及團隊的擴充，得益於騰訊龐大的使用者數量，騰訊地圖的發展前景也不容小覷。騰訊地圖的相關負責人也明確表示，「2013 年，騰訊地圖完成了 O2O 基本布局，接下來或將與騰訊其他產品結合，提供更好的使用者體驗。」

在百度、騰訊紛紛以自有產品占據手機地圖市場時，阿里巴巴想要在行動網路時代保持原有的競爭力，就不可能僅僅簡單的持股高德地圖，將之收歸旗下是最好的選擇。

第 18 章　基於位置的促銷策略

原因二，加速進軍生活服務領域

馬雲一直想要將自己的業務拓展到 O2O 領域，在生活服務領域的競爭中，精準、高效的地圖是不可或缺的一環。

阿里巴巴曾經對生活服務領域進行過多次投資，而在阿里巴巴 2014 年的發展策略中，行動電商更是被大幅重視，手機淘寶被當作行動商業的主要入口，成為發展主力，而手機地圖就更顯出其重要性。

地圖一直是大型網際網路企業的策略產品，Google 地圖為 Google 贏得了大量使用者的喜愛，而蘋果為了擺脫 Google 地圖，一直在研發和完善自己的地圖產品。在中國，騰訊、百度也都已經有了自己的地圖產品，並形成一定的規模。

阿里巴巴想要研發一款自己的地圖產品，無疑需要極大的資源投入，成效也不如人意，而收購高德地圖則顯得更划算。阿里巴巴也曾經投資過丁丁網，但丁丁地圖卻始終沒能做大，丁丁網的主要業務還是在於丁丁優惠券；2012 年 10 月，淘寶本地生活還推出過「地圖搜」，便於使用者在地圖中搜尋優惠和商家，但結果也不是很好。而在阿里巴巴投資高德地圖之前，市場上還沒有一款可以與之抗衡的地圖產品，高德地圖擁有甲級導航電子地圖測繪技術和甲級航空攝影測繪技術，其底層地圖數據更是堅實，也成為阿里巴巴進軍生活服務領域的最佳選擇！

■ 第六部分　行動行銷：個性化的傳播

　　曾有網際網路評論人士認為，「阿里巴巴除了已經做得很成功的、幾乎已經到達頂點的電商業務之外，留給投資者的想像空間並不多。而 WeChat 支付、WeChatO2O 的成長速度非常快，會進一步讓投資者看淡阿里巴巴的未來。因此，阿里巴巴需要更多具有想像空間的業務，O2O 是重要的領域。」

　　收購了高德地圖之後，阿里巴巴就能夠有效地利用使用者的位置資訊，為使用者提供更精準的服務，進而充分發揮「大淘寶」累積的大數據優勢，得到使用者的喜愛，進而鞏固行動網路時代的競爭優勢。

WeChat 收購「大眾點評」以涉足餐飲「位置」

　　大眾點評一直被認為是中國 O2O 領域的代表性企業，大眾點評 CEO 張濤將網際網路時代分為人、訊息、商品和服務四個象限，如果說騰訊解決的是人與人之間的關係，百度解決的是人與訊息之間的關係，阿里巴巴解決的是人與商品之間的關係，那麼，大眾點評解決的就是人與服務的關係。也就是說，大眾點評想成為阿里巴巴、百度、騰訊之外的中國網際網路第四大公司，而這並非無稽之談。

　　2013 年 2 月 19 日，大眾點評與騰訊在上海宣布達成策略合作，騰訊以 4 億美元的價格收購大眾點評 20% 的股權。那麼，致力於成為中國網際網路第四大公司的大眾點評，為什麼會同意這樣的收購合作呢？

原因一,大眾點評的發展需要

經過十年的發展,大眾點評在客戶端和使用者端都形成了一定的優勢,尤其是在 2011 年和 2012 年,大眾點評獲得 1.6 億美元的鉅額投資後,大眾點評更是如「出閘的老虎」一樣,發展迅速。

但到了 2013 年,由於市場競爭更加激烈,眾多網際網路企業紛紛進入生活服務領域,大眾點評也不得不考慮網際網路大公司的投資入股事宜。

第一,保持自身獨立性為前提

大眾點評與多家網路大公司都曾洽談合作。根據公開資訊指出:百度曾經報出 20 億美元的價格,希望全資收購大眾點評;而阿里巴巴由於已經投資了美團網,而且其對所投資的企業都干涉較多。出於對企業獨立自主的高要求,大眾點評與二者之間的合作都未達成。

2013 年 9 月,騰訊以「資金＋資源」的形式入股搜狗,並保證搜狗的獨立性,這一合作方式為大眾點評與騰訊的合作提供了參考。

第二,彌補資金缺口

雖然在 2011 年和 2012 年,大眾點評已經獲得了共計 1.6 億美元的融資,但由於進軍團購市場,大量消耗資金,到了 2013 年,大眾點評已經十分拮据了。

在外部龐大的競爭壓力下,大眾點評的發展不得不更快。2014年年初,大眾點評CEO張濤更是在內部信函中提出應注重「激情」,進軍各大城市,並將產品線拓展到外賣、結婚等領域。因此,大眾點評就需要更大量的資金作為後盾。

在考慮到自身獨立性的前提下,與騰訊的合作──以20%的股權換取4億美元的投資,便顯得順理成章。

第三,獲得社交平臺入口

縱然大量資金的流入對於此次合作有著十分重要的意義,但在大眾點評CEO張濤看來,社交網路平臺才是這次合作最大的收穫。

「點評沒有做社交網路,如果和QQ、WeChat結合,會讓內容、品質都大幅提高。」張濤說。而與百度、阿里巴巴相比,騰訊無疑在社交領域有著更大的優勢!

原因二,騰訊的O2O之夢

早在2008年,騰訊就開始了自己的O2O發展之路。2008年,騰訊上線了QQ電影票;2010年10月,騰訊推出QQ美食;2011年,騰訊先後投資高朋網、F團,總投資額超過1億美元;2012年11月,騰訊收購餐飲CRM企業通卡;2013年9月,WeChat微生活團隊正式釋出微生活會員卡X1版本……

第 18 章　基於位置的促銷策略

幾年來，騰訊在 O2O 領域進行了大幅度的投資，但其效果卻實在不盡人意。即使是立足於 WeChat 的微生活，也逐漸歸於沉寂。

騰訊總裁劉熾平也明確表示，「2008 和 2009 年時，我們都很想投資大眾點評，但沒有實現，後來看著大眾點評的估值一路上漲。今天終於成功了。」

作為月活躍使用者數超過 9,000 萬、收錄商家超過 800 萬家的大眾點評，一直保持著市場占有率第一的地位，而從全國整體市場來看，其市場占有率也僅次於阿里巴巴投資的美團網。這樣的大眾點評，當然會被騰訊覬覦已久！

如今，大眾點評已經以「我的美食」欄目，全面進入 WeChat「我的銀行卡」介面。WeChat 與大眾點評的此次合作，對二者的未來發展都有著極大的增益。張濤認為此次合作並不局限於接入 WeChat 流量介面，還希望在 WeChat「附近」、「朋友圈」裡能夠實現更多的合作：「比如『附近』除了能找到人，還可以新增優惠券、預約商家等內容；現在 WeChat『朋友圈』主要分享吃喝玩樂的內容，以後也可以進行結構化分析，再比如在『朋友圈』發一個點評，讓朋友點讚。」

利用大眾點評在 O2O 領域的市場優勢，在 WeChat 中提供大眾點評的入口連結，無疑能夠為 WeChat 吸引更多使用者，並幫助騰訊順勢進入生活服務領域！

第六部分　行動行銷：個性化的傳播

第 19 章　整合行銷策略

隨著網際網路的發展日漸深入，很多商家認為只有線上宣傳承擔著主要角色。但實際上，企業只有將線上宣傳和線下銷售結合，才能進行綜合經營，才能夠達到優勢互補的效果。

商家如何才能夠做到線上宣傳和線下銷售優勢互補呢？本章節將詳細介紹這兩者的辯證關係以及互補的實際應用。

整合線上行銷和線下銷售的優點有三個方面：

優點一，由於參與的人數眾多，無論使用者能否成為企業的消費者，只要透過廣大使用者的參與，讓他們更了解企業，進而對企業品牌價值、產品以及服務等產生更多更廣的認識。

優點二，使用者直接為網站帶來了流量和銷售──整合之後，銷售和潛在的商機都大大超過了之前企業獨立經營所帶來的利益。

優點三，整合能夠有效提升廣告投入的效果。透過線下媒體和線上行銷結合，能夠讓商家清楚地知道哪些地方花費了不該花的錢，進而在下階段的行銷中注重對成本的控制。

線上宣傳和線下銷售的優勢都很明顯,整合線上、線下行銷已是勢在必行。整合線上行銷和線下行銷有以下幾個方法:

方法一,建立一個獨立網站,設立獨立的統計功能和使用者註冊登入功能。如此能讓商家知道廣告的效果如何,同時能夠有效地收集使用者資訊。

方法二,將企業的線上、線下整合的訊息發布到網路上,讓更多使用者參與,加快商家整合步伐。

總而言之,線上、線下整合的過程中,最重要的就是訊息的一致性,不能出現偏差。透過以上線上行銷和線下銷售方式,為企業帶來更多利益,避免資源浪費。

線上、線下整合要點一:學習成功榜樣

藉由觀察其他已成功轉型的企業,學習其成功整合的模式,便可少走很多彎路。

企業應做好產品的生產。企業產品代表的是企業形象,品質就是一切,只有企業做好產品,才能得到廣大消費者的肯定,產品也就會在消費者人群中形成宣傳效果。消費者希望買到質優價廉的產品,這就意味著一旦購買成功,就會一傳十、十傳百,形成消費者對企業品牌的認同,企業的整合亦取得良好開端。

企業可在網路媒體上進行宣傳。一些影響力較大的媒體很關注企業的整合問題。這就是榜樣效應所帶來的優點，有了媒體的推動，能夠加快線上、線下整合的步伐，推進產業結構的調整。

以榜樣為基礎，設定線上、線下整合的具體方案。在不影響企業品牌宣傳的前提下，從消費族群著手，對消費者宣傳和交流方式的改變，很容易影響到企業的口碑傳播。企業應維持親民和利民路線。萬事起頭難，消費者只要接受了企業的整合模式，就等於接受了企業品牌本身及其產品和服務，進而形成穩定的客源。

線上、線下整合要點二：保持通路平衡

大多數企業在涉足線上、線下行銷整合的過程中，總會遇到一個關鍵的問題，那就是如何妥善管理線上與線下的貨品和通路。商家應該充分借鑑線下經驗，並利用電子商務行銷的優勢和特點，將自身的貨品、通路和物流等細節結合，這種系統化的結合就是整合。

其中最重要的是通路的整合，只有將其轉化為全通路經營，企業的行銷整合才算成功。

網路行銷通路和線下行銷通路面對的客戶群具有重疊性。重疊性是形成通路衝突的根源所在。除非網路上賣的產

第 19 章 整合行銷策略

品和線下通路銷售的產品是完全不同的,面對的消費者是完全區隔的,否則這種銷售通路的重疊必將存在。

新興網路通路是對傳統銷售通路的革新,這也就導致了傳統通路對網路通路懷有深深敵意。例如,專賣店的通路和大商場的專櫃通路肯定存在著競爭關係,網路通路作為新興的通路形式,對傳統通路的擠壓必然存在,也無法避免。這就是線上宣傳和線下銷售直接衝突導致的。

由網際網路的便利性帶來的價格衝突,是線下與線上通路衝突的根本所在。

商家經由網路通路,在銷售產品的同時,即便銷量不佳,對產品和企業品牌也沒有什麼壞處。從這方面來看,網路通路正面協助了線下通路。但為什麼線下通路卻對網路通路持厭惡情感?根本在於網路通路銷售的產品不存在物流和倉儲成本,無需支付昂貴的行銷成本。線下銷售就不一樣了,除了承擔前述成本之外,還擔負著產品銷售不出去、利益虧損等風險。

作為線上、線下整合的第一步,商家應該如何破解以網路通路為首的新興商業通路與線下通路的衝突,以及線下通路對於網路通路的反感呢?

只有線上和線下互補共存,才能發揮出銷售的最大優勢。在處理網路通路和線下通路的衝突時,要創造出一條包

括網路通路在內的新興通路與線下通路共生的路徑，才能做到兩者的整合。隨著社會變遷，新興商業通路有著向線下通路發展的苗頭，線下通路也有向線上通路靠近的趨勢。例如，淘寶網就屬於標準的線上網路通路，但即便是強大的淘寶網，也在尋求新的出路，建立自己的聯合通路，進而節約成本，以積極應對物流、倉管等開銷較大的支出。線上、線下的整合是大勢所趨，只有所有通路並存，兩者的優勢才能形成互補，不至於被時代所淘汰。

線上、線下整合要點三：搭建以消費者為中心的官網

要整合線上宣傳和線下銷售，兩者必須處於一種平衡的狀態。線上宣傳的核心無疑就是企業官網。企業官網集企業動態、企業廣告、產品訊息、服務平臺，為一體的線上服務平臺，是線上服務最重要的方式，也就是說把官網做好，對線上宣傳乃至整個行銷都有莫大的效用。

在這個以人為本、以客戶為中心的行銷時代，企業官網也必須將這一理念發揮到極致，以博得消費者的好感，建立企業的正面形象，樹立良好的口碑，幫助企業實現從使用者到客戶再到消費者的轉化過程。建立以客戶為中心的官網，其優點有以下兩方面：

第一,強大的親和力在關鍵時刻將轉化為競爭力

試想,當其他企業都只是循規蹈矩地在做網路行銷時,而某一家企業卻能夠在官網上和消費者打成一片,當他們選擇購買產品、服務的時候,就具有很明確的傾向性了。

第二,建立有效的溝通,輕鬆得到使用者回饋

只要消費者真心信任一家企業,企業必然能夠與之取得有效溝通。例如,在銷售之後,很多企業都會調查顧客的消費感受以及對企業本身及其產品的看法。有的企業與消費者沒有建立關係,消費者便不見得願意花時間填問卷,連簡訊都懶得看便直接刪掉了。而與消費者建立起良好關係的企業,有時候甚至無需主動詢問,消費者就會將此次的消費情況回饋給商家,有利於企業資料庫的建立,進而改進問題。

企業該如何建立一個以客戶為核心的官網呢?最重要的一點,即企業必須擁有一套完整的網站線上管理、服務的系統,才能更妥善地為消費者服務。企業官網的核心系統見表4:

表4 企業官網的核心系統

系統名稱	詳細說明
訊息發布系統	企業所發布的訊息不需要是最快的、最全面的,但是必須要是最真實的;在定期發布產品訊息、優惠降價和活動通知的時候,不能帶有虛假訊息的成分

系統名稱	詳細說明
售前諮詢系統	與消費者直接接觸的系統之一，良好的售前諮詢，為使用者答疑解惑，消除其購買的顧慮，與企業建立良好的關係
售後服務系統	購買出現狀況時（通常是產品品質問題），即時解決消費者的問題，並滿足他們的合理要求；需要退換貨物，則應第一時間聯絡物流，完成退換工作

這三大系統並稱為企業官網的核心系統，也正是這三大系統同時協力，貫徹以客戶為核心的思想。

線上、線下整合要點四：
與其他商家互相溝通，避免各自為戰

商家做行銷並非孤軍奮戰，而是身處一個龐大的行銷產業鏈中，這一產業鏈關係到各方面的利益，想將行銷真正進行到底，就必須讓各階段都能享受到行銷帶來的優點。

比如之前講到的行動行銷，包括商家、營運商、軟體開發商、網路服務商、網站管理者、媒體平臺和搜尋引擎等，都是行銷產業鏈的一員。這些都只是線上宣傳的部分，線下銷售的過程中，還涉及物流、經銷商等其他協作單位。

企業必須注重每一個協作單位，與其有效溝通，讓行銷的效果最大化。各自為戰，不僅可能導致行銷效率低下，甚至可能出現一些致命錯誤。例如某淘寶商家，在網站廣告、使用者交流等做得都非常順利，出貨給消費者時也不曾出現

什麼漏洞,但是等顧客收到貨物時,卻發現商品居然已經損壞,於是便果斷給商家負評。檢查了整個過程,原來商家沒有事先告知物流該商品是易碎品,應該小心輕放,物流也就沒有做相應的保護措施。

線上交流不僅是商家與使用者之間的,同樣適用商家與商家之間。這就是電子商務的妙用了,透過工作網路,商家能夠將每一個實際的行銷細節傳達給自己的下家,並將收到的行銷訊息回饋給前一個協作單位,保證每一個階段不出差錯。無論對哪一類型的企業來說,線上、線下的整合都是極為重要的。

線上、線下整合要點五:
根據市場需求二次定位

市場定位不是一勞永逸的,而是一個不斷發展、改變的過程。曾經為企業帶來龐大利潤的成功定位,也有可能隨著時間的推移、市場的變化和客戶需求的改變而失去優勢,甚至有可能制約企業的進一步發展。

二次定位,也被稱作重新定位或者再定位,是指商家針對其品牌、產品、服務或企業本身的組織結構、相關制度、管理模式等進行重新定位,進而改變消費者對企業原有的印象和態度。簡而言之,二次定位就是企業幫助客戶對於其新

形象重新認識的過程。

在企業進行整合的時候，必須在適當的時機進行二次定位。企業線上宣傳和線下銷售都因為整合而發生變化，導致客戶對企業的現狀不是很了解，企業自身對新的行銷目標和方式也感到陌生，這就需要重新定位，為企業鎖定客戶群、找到發展方向。

二次定位並非原有定位的重複，也不是企業丟失了客戶再次找回來這麼簡單，而是要求企業經過整合後重新釐清市場，改變原有品牌、產品和服務的內容。二次定位不能草草進行，需要企業在深入分析自身特點和市場需求等因素的基礎上，才能達到二次定位的效果。

一般而言，二次定位有以下三個基本步驟，具體的操作步驟如下：

第一步，對企業的產品、服務及品牌定位，針對現狀進行調查分析與形勢評估

這一步非常重要，應釐清二次定位的原因和必要性，堅定企業重新定位的決心。

透過對消費者的調查，對自身現狀進行評估，調查消費者對企業產品、品牌的評價，再根據調查結果對企業現有形勢做出整體評估。二次定位的需求可能出自不同的原因，也正因為如此，企業要從內、外部分析，雙管齊下進行二次定

位。分析產品和品牌的定位現狀是必需的,產品的銷售狀況以及未來可能的狀況也都是調查的主要內容。企業還要分析行業的競爭情形,了解到原有消費者的消費觀念變化,才能進一步確立(或重新確立)企業的發展目標。

第二步,仔細分析市場,鎖定目標客戶群

目標客戶可能會因企業整合而流失,這就需要企業根據市場需求拉回原有客戶、吸引新客戶。對市場進行細分,了解當前市場的需求是什麼,調查得出數據、企業特點以及優勢,確定主要針對的市場方向,進而重新鎖定目標客戶群。

第三步,準確傳播新定位

在企業二次定位的策略確立後,著手準備制定新的行銷方案。這一全新的行銷方案,將是企業整合後首次亮相在行銷戰場,必須加以重視。要將新的品牌訊息、產品訊息等傳遞給目標客戶群,最終目的是要在消費者的意識中用新的企業形象取代原有定位。

線上、線下整合要點六:
追蹤消費者訪問紀錄,收集有效資料

在整合線上行銷的時候,最重要的就是收集資料。無論是使用者的售前回饋訊息還是購買後的回饋意見,都屬於資料的一種,而對這些資料的收集,不但有利於企業下一個階

第六部分　行動行銷：個性化的傳播

段的行銷設計，也能夠完善其資料庫，豐富行銷方式。

數據資料對企業來說，能夠協助分類客戶。每一個類別的客戶對產品的外觀、功能和價格等都有不同需求，企業應有能力將其劃分，進而針對不同人群採取不同的行銷方式。

完善的資料庫有利於企業進行行銷調整。企業並不能保證一開始的行銷路線是正確的，畢竟這一路線只是根據理論上的分析和市場行銷的固化模式所研擬，不能百分之百肯定一次到位，更無法保證後期行銷能被大部分使用者接受。企業可以利用網路技術，藉助網路服務商、搜尋引擎服務商的幫助，統計客戶經常瀏覽哪些網站、搜尋過哪些關鍵詞，進而制定出一套更為完善、更有針對性的行銷策略。

網際網路行銷的監控方式中，追蹤消費者的瀏覽紀錄是非常實用的技巧。一般而言，商家本身是沒有許可權和能力去調查和統計消費者的瀏覽紀錄的，但是一些知名的網路營運商（如 Google、百度）這些搜尋引擎有關於使用者瀏覽紀錄的詳細統計數據，商家要爭取與這些服務商建立關係，並與之協作，獲得其支持，以獲取使用者統計資料，再加上自己的分析和判斷，不難得出一些有用的訊息，進而鎖定消費族群。

第 20 章　行動應用程式的普及

近年來，隨著 App 市場的不斷發展，越來越多的行動應用程式映入人們的眼簾。行動應用程式包含了人們生活、工作和娛樂的各方面，可以用無處不在來形容。

行動應用程式已經完全融入在人們的日常生活中，不論是外出遠行，工作中，還是閒暇在家，人們都會掏出手機，利用各種應用軟體幫助自己解決問題。在某種程度上，行動應用程式的流行度已經全面超越了瀏覽器──使用者們正在逐漸拋棄日漸僵化的網頁瀏覽器，轉而更青睞行動應用程式。

同時，行動應用程式對商家來說也是行銷最便利的工具之一，行動應用程式不僅覆蓋了各行各業，更為人們接受訊息、傳遞訊息帶來了極大的便利。而這種訊息的流通性就是商家最期待的結果。

行動應用程式具有龐大的滲透性和帶動力，以至於其影響力超出了通訊行業的限制，向房地產、汽車、金融和酒店等廣泛的商業領域不斷擴張，用途越來越多樣化。正是這些現象，吸引了各行各業的商家參與，都想利用這些行動應用程式在行動行銷中分一杯羹。

行動應用程式與安全系統之間的協作就有不少案例。例如某款手機應用程式,透過手機內建相機,辨識酒窖紅酒瓶軟木塞的鬆緊程度,自動發出警報,提醒使用者將這瓶紅酒放到冰箱內。再例如,Google 的智慧家居自動化策略,利用行動應用程式為主要介面,經由各種指令控制房間內的其他家電。

由此不難發現,行動應用程式已經從最初簡單的手機軟體,逐漸向日常生活中的其他領域發展,並且已開始呈現不錯的效果。

這是值得商家們注意的現象。隨著行動應用程式與人們現實生活逐漸緊密,這也意味著更多的行銷商機,並在行銷活動中實際產生效果。

行動應用程式中的商機

隨著智慧手機、平板電腦等行動產品的普及,行動網路市場在近幾年的發展尤為迅速,尤其是形形色色的行動應用程式讓很多使用者乃至商家眼睛一亮。在行動平臺上,使用者可以藉助行動網路,使用更多更方便的行動應用程式,完成那些原本只能在電腦上完成的工作。公車、捷運上,學生、上班族利用通勤空檔用手機上網聊天、瀏覽網頁、炒股票,似乎已經成為司空見慣的事情了。

第 20 章　行動應用程式的普及

　　行動應用程式的出現為行銷帶來了前所未有的龐大商機，只要企業願意投入這一領域，必能獲得理想的行銷效果和出乎意料的收益。

　　隨著行動網路逐步完善和成熟，原本不太關注這一領域的眾多企業也發現，行動網路越來越值得被關注了。而在行動網路的各種應用中，蘊含商機最大、發展最成熟的，不是系統類軟體，也不是工具類軟體，而是手機遊戲。調查結果顯示，手機遊戲的下載量占所有程式總下載量的70%。從網際網路的發展經驗來看，以手機遊戲為代表的娛樂行動應用程式的成熟，標誌著行動網路正在向行動電子商務方向加速發展，其中的商機也正不斷放大。

　　行動應用程式的盈利能力、行銷功能早已不再是祕密，企業採用行動應用程式來做行銷的手法也日趨成熟。透過行動網路能快速傳輸、溝通，商家與消費者、產品和服務與使用者的距離也被不斷拉近……這些都將為行動商務帶來龐大的發展空間和潛在市場。行動應用程式已經憑藉上述這些輝煌的數字，證明了自身蘊含的商機和發展潛力。應用市場也用事實證明了它們具有不斷完善自身和為企業盈利的能力。在這種情況下，唯一需要的就是廣大商家進入行動行銷市場的決心和行動，因為面前的路都已經由營運商和軟體開發商鋪好，唯一欠缺的就是商家踏上這條道路的勇氣與決心而已。

因此，商家不能在行動行銷的門檻外徘徊，而是要果斷加入其中，搶奪行動行銷的第一桶金。

自己動手寫程式還是外包？

製作行動應用程式是行動行銷的開端。一款優秀的行動應用程式可以為企業帶來意想不到的收穫。企業也將面臨選擇：到底要請軟體開發商為自己研製產品，還是自己動手研發？相對來說，企業如果有能力的話，自己研發行動應用程式比較妥當，因為企業對自身情況的掌握肯定比軟體開發商要準確。

企業自主研發行動應用程式，一方面針對性較強，另一方面能把訊息更有效地滲透到軟體的每一個細節，更有利於行銷。製作行動應用程式非常簡單，甚至只要在搜尋引擎鍵入「行動應用程式開發」，就會出現很多可以 DIY 軟體的工具和線上平臺。

沒有能力開發行動應用程式的企業，最好外包給專業的軟體開發團隊製作。一款不完善的軟體不僅無法造成行銷效果，反而有可能因軟體缺陷而貽笑大方。

值得注意的是，製作應用程式必須考慮使用者的期望值。行動應用程式應該是美觀、準確、實用且友好的，因此，要打造值得信賴的行動應用程式，該應用在效能、介面

等表現是非常重要的。

無論打造怎樣的行動應用程式,正確的方法都是至關重要的。在製作行動應用程式的過程中,製作方案的選擇不僅會影響到企業的行銷結果,也會影響到應用程式的各個方面,包括內容、互動、視覺及效能表現,這些都是一款行動應用程式帶給使用者的感受來源。

很多企業會將效能表現方面的製作責任拋給軟體開發商。這種觀念有可能造成最直接的後果,就是其涉及效能的潛在問題,必須等到軟體實際使用後才暴露出來。其實,有關行動應用程式技術開發,企業應該在產品創意初期就適度介入,進而保持對製作方案的技術可行性的評審和了解。

成也程式,敗也程式

很多商家利用行動應用程式獲得了行銷的成功,也為企業謀取了龐大的利益,但是也有不少商家的行動應用程式行銷走向失敗。同樣是在做行動應用程式的行銷,為什麼會產生不同的結果呢?

原因一,有的企業製作的行動應用程式,僅僅是在做簡單的行銷轉化,沒有針對行動網路、媒介的特點訂製,更沒有對軟體進行具體的分析和規劃。

如同某些商家剛從傳統行銷過渡到網路行銷時一樣,僅

■ 第六部分　行動行銷：個性化的傳播

僅將紙質媒體的內容放到網路上，而未能充分利用網路行銷的互動性。現在很多企業又犯了同樣的錯誤，只是把網站內容照樣搬到行動應用程式上面，並且認為這樣就是在做行動行銷了。不能充分利用行動裝置所具備的特徵和優勢，哪怕是使用了行動應用程式，也注定會失敗的。

原因二，有的企業則是被所謂的商業分析和專業觀點誤導，致使行動應用程式的效能並未得到充分發揮。

行動網路的擴展觸及到許多行動網路相關的議題，如行銷的合法性、銷售的具體實踐、行動應用程式的經營及操作、行銷業務的實際過程以及企業的網路管理等，都為行動網路的普及和應用帶來了許多挑戰。這些挑戰有可能讓某些所謂的商業分析機構作出例如行動行銷不利於企業發展的猜測，誤導了企業管理層，進而終止了行動應用程式的開發及投入。

原因三，惰性和慣性是企業行動應用程式無法取得成功的障礙之一。

很多企業內部本身缺乏對行動產業足夠的支持。而在這種情況下，一旦行動應用程式的研發過程或行銷過程中出現了什麼問題，就會有質疑的聲音──這是慣性思維的結果，也是所有新事物產生時必將面對的挑戰。在行動網路營運中，一旦出現相關的法律、法規，都會打擊某些人對行動行

第 20 章　行動應用程式的普及

銷乃至行動應用程式的信心，進而中斷行動應用程式的專案開發，這是最令人遺憾的失敗，原因就是它出現在內部，而不是企業真的做不好行動行銷。

原因四，企業過於期待行動應用程式所能帶來的回報。

許多企業針對行動應用程式的開發和經營投入了鉅額資金以求效益最大化。殊不知，投入這麼大的資金後，會對企業其他的行銷鏈帶來很大的影響。畢竟，行動行銷即便是發展潛力再大，也不可能瞬間就為企業帶來龐大的收益，而這種孤注一擲的方法，不僅不能為企業行銷帶來成功，甚至對本階段的行銷來說也是毀滅性的災難。誰都不能一蹴可及，企業處於行銷模式過渡時期更是如此。過於期待行動行銷所能帶來的回報，而放棄、忽略原有的行銷模式，就意味著企業放棄了原先的客戶群，也就等於放棄了市場，企業自然就失去了競爭力。

■ 第六部分　行動行銷：個性化的傳播

第七部分
電子商務行銷：主動引流

第七部分　電子商務行銷：主動引流

第 21 章　網路媒介的引導作用

電子商務在前文中就已經被多次提起，而電子商務行銷更是近年來新崛起的行銷模式中的「生力軍」。它的行銷方式屬於微行銷的一種，但與網路行銷甚至傳統行銷都是分不開的。而電子商務行銷與傳統行銷的最大不同，就是它是以網際網路為傳播媒介的。

這種行銷模式，不僅具有很廣泛的使用者基礎，也有著堅實的技術支撐，之所以被應用和推廣得比較晚，是因為其光芒被社群行銷和行動行銷所掩蓋。但近年來，越來越多的商家發現了其巨大的發展潛力，也有更多的商家主動參與，而不僅是被動地接收市場訊息。

在第一時間主動出擊，就是電子商務行銷的核心之一，合理利用網路媒介，將自己的行銷鏈進一步擴散，進而使網路成為行銷的輿論工具，引導消費者的腳步。

新媒體帶來新行銷模式

Web2.0 帶給社會巨大改變的同時，改變了人們的生活和工作方式，也徹底改變了行銷思維。

體驗性（Experience）、差異性（Variation）、溝通性

第 21 章　網路媒介的引導作用

（Communication）、創造性（Creativity）和關聯性（Relation）這些新名詞，都是新的媒體——網際網路帶來的，也正是這些網際網路的新特徵，讓企業行銷進入新媒體傳播的 2.0 時代。部落格、社群平臺、Tag、WIKI 等新興媒體，逐漸登上了行銷的舞臺。

傳統行銷模式追求的是所謂的覆蓋量，也就是企業廣告能被多少人看到、聽到，如在電視臺做一次廣告，至少有上億人能夠看到，這就是收視率；如果放在報刊雜誌上，這就是發行量；放在廣播中就是收聽率；放在網站上，便是點閱率和訪問量。這種行銷模式，建立在燒錢的基礎之上，將廣告放置於覆蓋量高的媒體，幫助企業吸引較多的客戶注意。

這種行銷方式本質上屬於宣傳模式，其傳播的路徑是單向的，對客戶（閱聽人）而言，是一種近乎填鴨式的訊息灌輸。這種行銷模式的缺點很明顯：除了太花錢之外，企業很難透過這些媒體獲得閱聽人看到廣告後的回饋訊息，互動性不夠。

一方面，廣告商和媒體提供企業驚人的覆蓋量報告，以證明這個廣告被很多人看到、聽到；另一方面，企業短期內的銷售量能否透過這種宣傳方式獲得提升，則有待進一步論證。傳統行銷中的廣告具有很大的風險，企業根本無法透過回饋訊息得知自己的行銷目的是否已經達成。

至於新媒體的行銷模式，則是由「覆蓋量」轉為「涉入度」。

第七部分　電子商務行銷：主動引流

新媒體行銷的通路也可以被稱為新媒體行銷的平臺，主要包括了網際網路門戶、搜尋引擎、社群平臺、部落格、BBS、WIKI、行動裝置、App 等各種可能出現或已經存在的新型媒體。與傳統的行銷相比，新媒體行銷並不是單一地透過某一種通路進行覆蓋式行銷，而是需要多種通路結合起來，做整合行銷——有的企業在資金充足的情況下，還可以嘗試新媒體行銷與傳統媒介行銷結合，形成全方位、立體式的行銷模式，效果更將會達到極致。

新媒體行銷藉由網際網路、行動網路等新興媒介，閱聽人廣泛，且訊息的發布相當深入，等同於將所有閱聽人納入行銷活動之中。比如說，商家利用部落格做行銷，同時請部落格的作者們就此次行銷的過程和結果展開討論，藉此擴大企業想要推廣的品牌價值、產品價值的影響範圍。整體而言，新媒體行銷是基於特定產品的概念訴求與問題分析，對消費者進行針對性心理引導的一種行銷模式。從本質上來說，它是企業軟性滲透的商業策略，藉助媒體表達與輿論傳播使消費者認同某種概念、觀點和分析思路，進而達到企業品牌宣傳和產品銷售的目的。

企業在做新興媒體行銷的時候，必須了解社群媒體行銷的基礎是各媒體的關係鏈，也是行銷的關係鏈。

行銷的對象是人和組織，新興媒體行銷之所以能夠成為行銷的關鍵，就是利用網際網路將人與人、人與組織、組織

第 21 章 網路媒介的引導作用

與組織之間的關係鏈串聯起來。在社群屬性日益增強的網際網路中，社群媒體行銷應運而生，就是這種關係鏈的產物，也是其最重要組成部分之一。

社群媒體行銷的優勢之一，就是使用者對訊息的信任度高。因為這些訊息的來源，往往是其他使用者透過社交圈傳播的，這就是社交關係鏈的支持。商家只要妥善利用使用者的社交關係鏈，便能充分發揮社群媒體行銷的優勢。

社群媒體行銷（新興媒體行銷）過程中，一定要強化行銷內容的傳播動力。

商家在了解關係鏈對社群媒體行銷成敗造成關鍵作用之後，就要考慮如何利用這些關係鏈。

新型媒體的出現，無疑為商家解決了這一難題。商家可以透過建立與目標客戶群之間的關係鏈，接觸到該使用者群所對應的其他關係鏈。新型媒體帶來的正是這種便捷的關係鏈互動，也讓商家有機會接觸到更多的社交圈，利用使用者之間既有的關係鏈，注入訊息，透過每一個使用者的關係網迅速傳播。因此，對社群媒體行銷而言，最困難也是最重要的，就是學會合理利用新型媒體工具，強化行銷內容的傳播動力，把握使用者之間的關係鏈，更有效率地推動企業行銷。

■ 第七部分　電子商務行銷：主動引流

以網路行銷為基礎的零障礙行銷模式

電子商務帶來的不僅是企業訊息的管理和交流模式上的改變，更是行銷模式上的變革，其中最重要的就是零障礙行銷模式的產生。

什麼是零障礙行銷模式？

零障礙行銷模式就是指企業透過電子商務行銷的方法，突破傳統行銷乃至網路行銷中可能出現的限制。這種方式之所以被稱作「零障礙」，因為其運作過程中能夠對企業行銷造成干擾的因素非常少，進而順利完成行銷，縮短行銷週期，進而為企業謀求更多的利潤。

零障礙行銷模式可以說是網路行銷的分支，更可以理解為網路行銷與電子商務行銷結合後的產物。就根本而言，零障礙行銷模式是一種基於網路行銷的行銷模式。

零障礙行銷模式最先克服的就是交流障礙。交流障礙不僅存在於商家與客戶之間，同樣存在於行銷產業鏈中的商家之間。如果只是單純進行傳統行銷或網路行銷，產業鏈中的協作商家除了執行各自任務之外，幾乎沒有其他交流，導致行銷過程中有可能出現漏洞。而電子商務的出現，恰巧解決了這一困擾，透過網路平臺和線上諮商，商家之間得以在第一時間溝通。

零障礙行銷模式同樣克服了線上、線下結合的障礙。有

很多企業在做行銷的時候,線上宣傳和線下銷售基本是脫節的。銷售與宣傳脫節,導致的問題可大可小,輕則貨物出現問題,重則產業鏈脫節,進而讓資金鏈也會受到牽連,嚴重影響企業發展。零障礙行銷模式可以說是電子商務行銷提供的一帖良藥,透過此一途徑,商家能夠與物流、經銷商各方面妥善溝通,下達指令,進而避免這些意外的產生。

化被動為主動,消費者主動盈門

電子商務行銷不單是一種可靠的行銷方式,也可以說是網路行銷賜給商家的一塊敲門磚,妥善利用這塊敲門磚,商家可以化被動為主動,提高自身的市場競爭力,與競爭對手搶奪客戶,提升市場占有率。

有些企業看似沒有花費太多心力,就能夠讓消費者如潮水一般湧來,消費者主動盈門,是任何一個商家所期待的,但是想要實現又談何容易?

要使消費者主動光顧企業,企業必須先主動找出消費者。那麼,商家該如何利用電子商務行銷,為自身的企業行銷創造優勢呢?

企業行銷的本質,就是要用自己的產品和服務去滿足客戶的需要,進而讓客戶產生購買欲。也就是說,使企業盈利的關鍵,在於企業所提供的產品及服務能否滿足客戶的需求,從這一點著手,就會使行銷變得輕鬆很多,尤其是有了

電子商務的輔助，做到這一點對於商家來說並不困難。商家必須主動出擊，才能夠讓使用者從被動的接受行銷訊息，進而對行銷內容產生興趣，同時也對企業的產品感興趣。

企業要去尋找消費者的需求

商家在滿足消費者需求之前，必須了解他們有哪些需求，這些需求是不是自己所能滿足的。這些調查可以是問卷調查、走訪調查、網路調查、抽樣調查等形式，但無論是哪一種形式，都要提出針對消費者需求的問題，讓消費者解答，企業再根據消費者的回饋訊息，採取對應的行銷方式。

企業要滿足消費者的需求

了解了消費者的需求之後，企業如果不制定出應對的行銷方式、生產能夠滿足使用者需求的產品，那麼就失去了之前詢問消費者需求的意義了。所以，商家必須針對使用者的需求，對行銷模式進行調整，甚至是調整自身的產業結構。

企業要嘗試創造消費者的需求

如果企業一直處在被動的調查和改進階段，那麼必然會失去行銷的主動權。即便調查清楚了消費者的需求所在，但是前端花費了大量時間處於被動，之後才做行銷調整，很有可能讓企業落後於行銷對手，所以企業不能僅僅是按常理行銷，還要嘗試去創造能夠滿足消費者需求的產品，才能夠

第 21 章　網路媒介的引導作用

搶占先機。比如說，在開發某手機遊戲前，遊戲開發商就曾經進行過一次針對玩家的調查，最後獲得的關鍵詞是「休閒類」、「射擊」、「動物」、「可愛風格」「拋物線」，於是這些關鍵詞被開發商融合在一起，就有了今天風靡世界的手機遊戲──憤怒鳥。

第七部分　電子商務行銷：主動引流

第八部分
前瞻 4.0 行銷模式

第八部分　前瞻 4.0 行銷模式

第 22 章　微行銷工具的未來預測

現在，微行銷的發展已經日趨成熟，在很多領域內的商家無奈地發現——來得晚了，不少微行銷平臺都已經被不少企業作為「劃分領地」的場所，市場也被瓜分得差不多了，自己根本沒有多少立足之處。

然而事實並非如此。微行銷可以說是行銷方式的一塊大餅，其蘊含的市場量是接近無限大的，沒有完全成熟的說法，只有不會發現商機的企業。

當然，現在的新浪微博、騰訊微博等平臺上，企業若想插足，確實略顯姍姍來遲，比較早進入的同行早已站穩腳跟。在這種情況下，為什麼還要繼續煩惱無法進入這些主流平臺呢？為什麼還要擠破了頭，涉足其他企業的領地呢？

避免爭奪市場而產生惡性競爭，又能讓企業搶占先機的好辦法，就是去開闢新戰場。

沒錯，商家不應還停留在社群行銷、行動手機行銷、電子商務這些已經發展飽和的行銷模式中，而是要發展、使用更多新興的行銷工具。很多新型行銷工具已經初具雛形，並且展示出其強大的微行銷潛力，蘊含著無限商機。

第 22 章　微行銷工具的未來預測

微電影：低成本行銷新希望

電影院同時所能承載的同檔電影數量是有限的，很多電影因此被擠掉了上映的機會。

網路電影及微電影的出現，恰如其分地解決了此一問題。電影院檔期在任何時候都顯得十分擁擠，電影市場的空間越來越小，很多電影拍了之後根本連走向院線的機會都沒有，因此新的通路——網路，幫助這些電影解了燃眉之急。

微電影，顧名思義，就是微型電影。微電影是指專門在各種新媒體平臺上播放的電影，它們適合在行動狀態和短暫休閒時觀看的。這些電影也具有完整的策劃和製作系統，具有完整的故事情節。微電影的時長很短，一般為 30 至 300 秒，其製作週期也非常短，一般僅僅用 1 至 7 天就能完成。微電影的規模投資也很少，基本上每部僅幾千元至幾萬元。然而麻雀雖小，五臟俱全，微電影的內容包含了幽默、時尚、公益、教育、商業等各種主題，覆蓋面相當廣泛。

而對廣大商家來說，微電影的出現帶來的驚喜絲毫不亞於微電影為電影界帶來的希望。他們在微電影當中嗅到了商機，發現了微電影所蘊含的巨大商業價值。一部成本低廉的微電影，只要內容夠新奇、含義夠深刻，往往能夠迅速竄紅，而商家如果能搭上這班順風車，其行銷效果不可估量，它們在娛樂大眾的同時，也創造了龐大的商業價值。

第八部分　前瞻 4.0 行銷模式

微電影的出現,迎合了廣告行銷新陣地的需要

隨著廣大網友對廣告的容忍度越來越低、抗拒心理越來越強,商家發現,行銷中的廣告越來越難做了,尤其是那些生硬、直白的叫賣式廣告,還會遭到消費者的唾罵,不僅對行銷效果毫無幫助,反而會得不償失。所以,廣告需要採用更軟性、更靈活、更容易被客戶接受的行銷方式。而微電影的產生無疑迎合了這種需求,商家可以透過訂製專屬企業自身的微電影,來實現企業的隱蔽式行銷。畢竟只要有劇情、有故事情節,使用者通常都樂意把廣告看完,這種類型的微電影,就是有情節的「加長版廣告」。

微電影比傳統行銷中的廣告更具針對性

觀看微電影的人群主要是具有較強購買力和消費觀念開放的年輕人,也因此效果行銷效果頗佳。透過微電影,企業可以把產品資訊、品牌理念這些與企業相關的概念,與微電影的故事情節巧妙地結合,用微電影的視聽效果與觀眾進行情感交流,進而促使觀眾形成對企業的認同感。

UU 微博通:實現對外業務雲端化

在微博行銷市場已經發展成熟並已經接近飽和的情況下,一款軟體的出現為企業行銷提供了另外一個發展平臺,那就是 UU 微博通。

第 22 章　微行銷工具的未來預測

UU 微博通是用友企業社群自主研發的一款微博元件。該社群將 UU 微博通定位為一款致力於為企業打造全方位服務的軟體，為使用者服務的同時，也為企業提供了微行銷的平臺。UU 微博通既為企業提供了實用的微行銷應用工具，也同時擔負著企業微行銷平臺的功能。

UU 微博通的出現，最大的意義在於它實現了企業對外業務的雲端化。雲端化的行銷模式，即透過提供企業豐富的個性化產品及服務，滿足市場上日益膨脹的個性化需求。這種行銷方式利用第三方網路平臺，為企業提供資金、推廣、支付、物流和客服等一整套具體而詳細的服務，進而讓企業在外部仍可隨時使用自身的經營能力。

在行動網路時代，微行銷無疑將成為未來行銷的主流模式之一，社群媒體與生活的連結更加緊密，UU 微博通為了應對這一新形勢，增加了軟體與 ERP、CRM 的整合應用，也就是說，商家利用這一軟體，直接就可以實現線上行銷的支付並且獲得專業的微行銷指導。UU 微博通有著眾多的附加雲端能力，不僅滿足企業最基本的微行銷功能，也充分結合了行動網路的優勢，幫助企業逐漸實現對外業務的雲端化，進而降低企業自身的行銷成本。

UU 微博通的功能強大

在它的平臺上，不僅整合了新浪微博、騰訊微博、搜狐微博等多家社群平臺，平臺使用者更可以憑藉單一帳號，同

步發布多個微博帳號。對企業來說，這無疑是意義重大的，因為這意味著企業能一站式管理所有的官方社群平臺、跨平臺分享、跨平臺管理並共享資料，幫助線上服務人員和行銷人員輕鬆同步管理多個企業官方帳號，可以說是企業微行銷的得力助手。

同時，UU 微博通支援上傳圖片的功能，即拍即傳。這一功能能夠幫助企業時刻了解時事話題，隨時根據圖片訊息發掘市場需求，進而將社群行銷的功效發揮至極致。

UU 微博通與其他個人使用者的「微博通」軟體最大的不同之處，就是其鮮明的企業屬性，這是其他同類軟體所不具備的。在 UU 微博通的平臺上，只要點選「廣場」→「專家推薦」，就會出現成功商家或是業內名人的專業發言，點選就可以輕鬆檢視該專家的所有貼文。這一功能，無疑是商家用來提升自我行銷知識和專業水準的最佳途徑，相當於為企業之間的交流建立起溝通的橋梁，企業也能藉此快速發現潛在商機，可謂妙用無窮。

行動條碼行銷

現今的日常生活中，行動條碼正在扮演著越來越重要的角色。從產品包裝到宣傳，隨處都可以看到行動條碼的存在。隨著社群平臺在消費者群體中扮演日趨重要的腳色，行

第 22 章　微行銷工具的未來預測

動條碼也越來越受到企業的重視。很多企業的微行銷，其實都是從一個行動條碼開始的。

企業擁有了自己的行動條碼之後，就可以提供消費者掃描，讓消費者關注自己的企業帳號，進而利用社群平臺作為行銷平臺，與客戶進行互動、溝通，達到產品推廣的目的。

那麼，企業究竟要如何推廣自己的行動條碼呢？將之印在宣傳手冊、產品包裝上，無疑是有效的通路，但如果產品都推銷不出去，這些印出來的行動條碼也沒有什麼意義。而行動條碼導航網站的出現，則為企業的行動條碼行銷提供了新方向。

「微搜錄」就是一個專門的行動條碼導航網站，為消費者提供全面、專業的行動條碼導航。該網站平臺由北京時代易維廣告有限公司打造推出，作為中國最早從事網路互動行銷的企業之一，時代易維在多年的經驗中已經累積了豐富的網路行銷經驗，並能夠確實地把握網路行銷的動向。在微行銷時代，該公司打造了行動條碼導航網站，為使用者提供行動條碼搜尋服務，也為企業提供了行動條碼行銷的平臺。

目前，微搜錄蒐集的行動條碼資源已經超過 20,000 個，並按照類別分類，囊括了明星、新聞、財經、科技、美女、時尚、生活、影音、教育和購物等多個分類，方便使用者搜尋企業行動條碼。因此，企業想要推廣自己的行動條碼，就

第八部分 前瞻 4.0 行銷模式

可以與微搜錄這樣的行動條碼導航網站合作,提高行動條碼行銷的效率。

行動條碼的低成本、易傳播、高適用性等特性,讓企業利用行動條碼進行高性價比的行銷,其中,WeChat 推出的行動條碼「閃拍」功能,也提供使用者更方便快速的消費通路,便於企業產品的推廣和銷售。尤其是行動條碼的高適應性,讓其能夠依附在紙本媒體或網站等傳統行銷通路上,為企業提供跨媒介行銷的管道,使得企業能夠快速進入微行銷領域。

某位食品企業的負責人表示:「透過微搜錄智慧行動條碼導航網站上傳企業行動條碼,不僅提高了企業關注人氣,還使更多潛在客戶成為了企業粉絲,這是我一開始不敢想像的。」

微搜錄的使用者也對其表示了認同,王小姐說道:「透過微搜錄掃描智慧行動條碼關注自己感興趣的商品,然後根據智慧手機上出現的產品詳細介紹或者購買途徑,快速掌握產品訊息,買下自己喜愛的商品,十分方便。」

在微行銷的時代背景下,社群行銷還有著極為廣闊的市場空間,其在企業行銷中所處的地位也將越來越重要。企業不妨先從行動條碼著手,透過與行動條碼導航網站的合作,推廣企業行動條碼,讓 WeChat 及各種社群網站成為企業行銷的助力。

第 22 章　微行銷工具的未來預測

App 行銷

App 是手機、社群、SNS 等平臺上執行的各種應用程式，而當智慧手機已經成為行動電話市場的主流產品時，App 行銷也擁有了可行性。APP 立足於智慧手機，作為連結線上與線下的樞紐，App 行銷也將成為微行銷的重要工具之一。

與傳統行銷模式的不同之處在於，App 行銷突破了時間、地點的限制，透過訊息的雙向流通來接觸、吸引客戶，並以自身的 CRM 系統管理客戶，發起更具針對性的促銷活動，進而實現銷售，而這整個過程都是在一個 App 中實現的。

美特斯邦威是中國最早採用 App 行銷的企業之一，早在 2010 年 5 月，智慧手機還沒有像今天這樣普及的時候，美特斯邦威就為自己的新品牌 ME&CITY 量身訂製一款 App。

ME&CITY 品牌的市場定位在大學畢業生，為甫出社會的年輕人設計服裝，來延長自身的產品生命週期。而當時，智慧手機的主要消費族群正是這些年輕人，因此，美特斯邦威才想到設計一款屬於自己的 App，與消費者進行更直接的交流和互動。

即便經過了數年，這款 App 仍然值得很多傳統企業學習借鑑。由於 ME&CITY 年輕化、國際化的品牌定位，在這款

App 中，設計師用一根根線條勾勒出一幅可以移動的倫敦街景，街景中有遊樂場、電影院和音樂噴泉，而在 ME&CITY 的店鋪門口，還站著其品牌代言人奧蘭多・布魯（Orlando Bloom），這幅美輪美奐的介面，同時也被用作美特斯邦威自制明信片的圖案。

也正是這樣精美的圖片，讓消費者喜歡上這款 App。但對於一款成功的 App，美觀的外表並非唯一的因素，其實用性才是確保消費者每天使用這款 App 的關鍵。

美特斯邦威對於這款 App 的要求，就是能夠讓其成為消費者生活的一部分。ME&CITY 的這款 App 中，有製作精美的日曆，同時還有記事本、天氣預報等日用小工具。另外，這款 App 還有大量娛樂性的小遊戲，比如以 ME&CITY 服裝為元素的試裝遊戲、連連看等。除此之外，使用者點選主介面的電影院後，還能觀看 Fashion Show 影片。

App 行銷的重點並不是產品推廣和銷售，而是提高自身的客戶黏著度，這些小工具、小遊戲正是提高使用者黏著度的必備法寶。如果消費者每天都會開啟這款 App 檢視日曆、記事本，或是玩小遊戲，看短影片，久而久之，消費者就會認同提供這款 App 的 ME&CITY，尤其是那些以 ME&CITY 服裝為元素的遊戲，更是能夠在消費者的不知不覺中，達到產品推廣的目的。

第 22 章　微行銷工具的未來預測

在發表這款 App 之後，ME&CITY 的國際化形象也得以樹立，讓年輕消費者更認同該品牌。企業要進行 App 行銷，切忌不要去模仿其他大型品牌的 App，要抓準自己的市場定位，有自己的獨特風格，以獲取目標市場消費者。

企業的 App 如果能夠成為消費者日常生活的一部分，企業自然就能夠收集到更多消費者資料，進而在針對性的促銷活動中，為消費者提供個性化服務，最終形成銷售。

國家圖書館出版品預行編目資料

微行銷策略,預見未來商業趨勢!從入門到精通,發掘短文案的巨大潛力,掌握在社群媒體平臺中實現目標的高效策略 / 文丹楓 著. -- 第一版. -- 臺北市:財經錢線文化事業有限公司, 2024.09
面; 公分
POD 版
ISBN 978-957-680-985-9(平裝)
1.CST: 行銷策略 2.CST: 行銷學
496　　　113012517

電子書購買

爽讀 APP

微行銷策略,預見未來商業趨勢!從入門到精通,發掘短文案的巨大潛力,掌握在社群媒體平臺中實現目標的高效策略

臉書

作　　者:文丹楓
發 行 人:黃振庭
出 版 者:財經錢線文化事業有限公司
發 行 者:財經錢線文化事業有限公司
E - m a i l:sonbookservice@gmail.com
粉 絲 頁:https://www.facebook.com/sonbookss/
網　　址:https://sonbook.net/
地　　址:台北市中正區重慶南路一段 61 號 8 樓
8F., No.61, Sec. 1, Chongqing S. Rd., Zhongzheng Dist., Taipei City 100, Taiwan
電　　話:(02) 2370-3310　　傳真:(02) 2388-1990
印　　刷:京峯數位服務有限公司
律師顧問:廣華律師事務所 張珮琦律師

-版權聲明

本書版權為文海容舟文化藝術有限公司所有授權財經錢線文化事業有限公司獨家發行電子書及繁體書繁體字版。若有其他相關權利及授權需求請與本公司聯繫。
未經書面許可,不可複製、發行。

定　　價:375 元
發行日期:2024 年 09 月第一版
◎本書以 POD 印製
Design Assets from Freepik.com